高等职业教育土建类新编技能型规划教材

建筑工程测量实训指导书

主编　张敬伟

黄河水利出版社
·郑州·

内 容 提 要

本书介绍了测量实验与实习须知、测量实验、测量实习，并附有全站仪及其基本操作、GPS 定位系统及其基本操作、全站仪和 GPS 数字化测图的基本思想和作业模式、案例分析、《建筑工程测量》测试题测量实习记录表格等。

本书适用于高职高专院校土木工程、地下与隧道工程、城乡规划、市政工程、工程监理、给水排水等专业师生使用，也可以供相关的工程技术人员阅读参考。

图书在版编目(CIP)数据

建筑工程测量实训指导书/张敬伟主编．—郑州：黄河水利出版社，2014.2

高等职业教育土建类新编技能型规划教材

ISBN 978-7-5509-0692-1

Ⅰ.①建…　Ⅱ.①张…　Ⅲ.①建筑测量-高等职业教育-教材　Ⅳ.①TU198

中国版本图书馆 CIP 数据核字(2013)第 316686 号

出 版 社：黄河水利出版社

地址：河南省郑州市顺河路黄委会综合楼 14 层　　邮政编码：450003

发行单位：黄河水利出版社

发行部电话：0371-66026940、66020550、66028024、66022620(传真)

E-mail：hhslcbs@126.com

承印单位：河南地质彩色印刷厂

开本：787 mm×1 092 mm　1/16

印张：7

字数：170 千字　　印数：1—4 000

版次：2014 年 2 月第 1 版　　印次：2014 年 2 月第 1 次印刷

定价：16.00 元

前　言

本指导书是为高职高专学生所编写的实训指导书，它是根据最新修编的《建筑工程测量教学大纲》及《建筑工程测量教学实习大纲》内容编写的。全书分为测量实验与实习须知、测量实验、测量实习和附录等部分。

测量实验与实习须知是向学生系统地介绍实验、实习前应做的准备工作，实验、实习过程中正确使用测量仪器工具的有关规定和注意事项，以培养学生爱护测量仪器、工具的观念和预防实验过程中出现问题。

测量实验是印证理论知识和培养学生动手能力的教学环节；实验报告与课堂作业是加深理解和培养学生计算技巧与处理成果能力的教学环节。本书中共有 15 个实验和 2 套测试题，可根据学时的情况确定取舍。为便于教学，各实验与作业的内容基本按教材章节顺序编排；每个实验包括目的和要求、仪器和工具、方法和步骤、注意事项及记录格式。

测量实习是测量理论教学、实际操作及计算技巧等综合训练、培养能力和实践性理念的教学环节。这部分分为目的要求、准备工作、实习内容与方法、应交成果资料、实习总结报告等项。其中，实习内容有大比例尺地形图测绘、地形图应用、施工放样及精密仪器见习等项。在课间实验及课堂作业的基础上，通过综合实习将各项内容进一步系统化，以培养学生运用新学知识分析和解决实际问题的能力，还可以训练学生基本的工作能力。

本书由河南建筑职业技术学院张敬伟主编，王伟、马华宇、魏华洁等参编。

本书虽然精心编写，但由于时间所限，书中仍有可能存在错误和不足之处，欢迎读者批评、指正。

编　者

2013 年 10 月

目 录

单元一 测量实验与实习须知

课题一 实验与实习规则

一、目的与要求

测量实验的目的一方面是使学生验证和巩固课堂教学的理论知识，另一方面是让学生熟悉测量仪器的构造和使用方法，真正完成理论与实践相结合的过程，使学生增强感性认识，培养学生进行测量操作的基本技能，并通过实验报告与课堂作业加深对教学内容的理解、加强学生的数据计算和处理测量成果的能力。

测量实习则是进一步贯彻理论联系实际的原则，使学生接受一次系统性的测量实践训练。其具体目的与要求，详见“单元三 测量实习”部分。

二、准备工作

实验、实习之前，学生必须复习教材中的有关内容，认真仔细地预习实训指导书的相关内容，明确实验、实习的目的与要求、方法步骤及注意事项，以便顺利地按时完成任务。

三、实验、实习的组织

实验、实习应分组进行。组长负责本组的全面组织协调工作。所用仪器物品，应以小组为单位，由组长（或指定专人）负责向仪器室领借，办理领借和归还手续。实习仪器种类及数目应清点清楚，如有不符或缺损，应及时向发放人员说明，做好书面记录，以分清责任。

四、实验、实习的纪律及作业要求

（1）实验、实习是十分重要的实践性教学环节，每个学生都必须严肃、认真地负责和操作，不得马虎潦草。在实习中，应积极发扬团结协作精神，服从组长分配工作，并积极负责完成。如暂未轮到或未被分到具体工作，亦应注意别人操作，不得在旁边取笑打闹或看与实验、实习无关的书报杂志。

（2）实验与实习应在规定的时间和地点进行，学生不得无故缺席或迟到、早退，不得擅自改变地点或离开现场。

（3）各小组借用的仪器工具均应注意妥善保管，整个实习过程中，应认真遵守《仪器、工具使用须知》。未经指导教师许可不得转借或调换，若发现有损坏、遗失，应立即向指导教师报告，按有关规定处理。

（4）在实验、实习中，应严格遵守群众纪律，如遇有群众要求看仪器或询问时，应尽量解释，不应态度生硬，以免发生误会或冲突。

（5）实验、实习结束时，应提交书写工整、规范的实验报告或实习记录，并经指导教师检查同意后，始得收验仪器、结束工作。

课题二 仪器、工具使用须知

（1）携带仪器时，注意检查仪器箱是否关紧锁好，拉手、背带是否牢固。要轻拿轻放，以免使其碰撞、震动或背起时滑落摔坏。

（2）开箱时，应注意仪器箱放置平稳；开箱后，应记清仪器在箱内的安放位置，以便按原样放回，要轻取轻放。取出后立即盖上箱盖，实习中不用的附件不要挪动。

（3）提仪器时，应先松开各制动螺旋，再用手握住仪器坚实部位，紧拿轻放，切勿用手提望远镜，以免损坏各部位间的连接。关好仪器箱，严禁在箱上坐人。

（4）仪器放入箱内时，应先松开制动螺旋，至各部位放妥后，再扭紧制动螺旋；关箱时不能强压，关箱后及时加锁。

（5）安仪器于三角架上之前，要注意架腿高度适当，拧紧架腿螺旋。安置时，应双手握紧仪器及下盘，放平后一手扶持仪器，一手拧紧连接螺旋，注意装置牢固，但不应过紧。

（6）仪器搬站时，对于长距离的平坦地段，应将仪器装箱，再行搬动；在短距离的平坦地段，应先检查连接螺旋是否旋紧，松开各部分制动螺旋，再收拢脚架，一手握仪器基座及支架，一手握脚架，面对仪器前进，以免碰伤仪器。严禁横扛仪器搬移。

（7）在使用过程中，人不离仪器。严禁无人看管和将仪器靠在墙边或树上，以防跌损；严禁将水准尺、标杆靠在树上、电线杆上或仪器上，应使其离开仪器平放。

（8）使用过程中，各制动螺旋勿扭得过紧，以免损坏；各微动螺旋勿扭至极端，各校正螺旋扭动时应用大小厚薄合适的螺丝刀或校正针拧至松紧适度，以免损伤。

（9）转动仪器任何部位时，均应先松开制动螺旋，不得用力猛转，动作要准确、轻捷，用力要均匀。某部分转动不灵时，不得硬扳。

（10）严禁以手或粗布触拭镜头、度盘与游标，以免污损；严禁随意拆卸仪器。

（11）使用仪器应防止日晒和风尘，应撑伞遮阳、遮风、遮雨。严禁仪器被日晒雨淋，大风沙天气应停止使用，并及时装箱。

（12）使用钢尺应防压、防扭、防潮湿，用后擦净涂油，卷入盒内。不可用强力猛拉钢尺，以免扯断。皮尺应防潮。

（13）水准尺、标杆禁止横向受力，以防弯曲变形，不得用水准尺与标杆抬东西或坐压。所有测量仪器、工具严禁抛掷或用其打闹玩耍。

课题三 测量记录要求

（1）所有观测成果均须用绘图铅笔（2H～3H）当场认真记入手簿内，不得另外用纸记载，再行转抄。

（2）记录字体应端正清晰，按稍大于格高的一半用斜体工程字填写，留出空隙作改正错误用，不得潦草，不准用红铅笔或红墨水笔。

（3）记录者应在记完数字后，再向观测者复诵一遍，以免听错、记错。记录数字如有错误，不得用橡皮擦拭或涂改，应用一斜线划去错误部分，在原字上方补记或另行记录正确数字，并在备注栏内注明错误原因。

(4)记录数字要全，不得省略零位。如水准尺读数 1.300，度盘读数 150°00′00″、127°02′06″中的“0”均应填写。

(5)按四舍六入、五前单进双不进的取数规则进行计算，如数字 1.233 5 和 1.234 5 均取值 1.234。

(6)记录或实习报告应妥善保管，不得损毁或丢弃，以便考核成绩。如某页记错太多或此实习重做，该页记录不可撕去，应用大字写“作废”字样而保留之。

单元二　测量实验

课题一　测量实验指导书

本书按照课本授课内容的先后顺序共列出了13个教学实验供学生实验时使用，教师可根据教学需要、实验设备的条件以及学时的多少有选择地安排实验内容，一般每个实验约需要2个学时。学生在实验前应认真预习实验指导书的相关内容，以便按时顺利完成实验内容。

实验一　水准仪的使用

一、目的和要求

(1)了解 DS_3 级水准仪的基本构造，认清其主要部件的名称及作用。

(2)练习水准仪的安置、瞄准与读数的操作，增强感性认识和培养动手能力。

(3)测定地面两点间的高差。

二、仪器和工具

DS_3 型水准仪1台，水准尺1对，记录本1本。

三、方法和步骤

(一)安置仪器

将脚架张开，使其高度适当，架头大致水平，并将架腿的尖脚踩入土中。再开箱取出仪器，将其固连在三脚架上。

(二)认识仪器

指出仪器各部件的名称，了解其作用并熟悉其使用方法，同时弄清水准尺的分划与注记。

(三)粗略整平

先用双手同时向内(或向外)转动一对脚螺旋，使圆水准器气泡移动到中间，再转动另一只脚螺旋使圆水准器气泡居中，通常须反复进行。注意气泡移动的方向与左手拇指或右手食指运动的方向一致。

(四)瞄准水准尺、精平与读数

1. 瞄准

甲将水准尺立于某地面点上，乙松开水准仪制动螺旋，用准星和照门粗略瞄准水准尺，固定制动螺旋，用微动螺旋使水准尺位于视场中央。

转动目镜对光螺旋进行对光，使十字丝分划清晰，再转动物镜对光螺旋看清水准尺影像。

转动水平微动螺旋,使十字丝竖丝靠近水准尺一侧,若存在视差,则应仔细进行物镜对光予以消除。

2. 精平

转动微倾螺旋使符合水准器气泡两端的影像吻合(即成一圆弧状),也称精平。

3. 读数

用中丝在水准尺上读取4位读数,即米、分米、厘米及毫米位。读数时应先估出毫米数,然后按米、分米、厘米及毫米,一次读出4位数。

(五)测定地面两点间的高差

(1)在地面上选定 A、B 两个较坚固的点,作上标志。

(2)在 A、B 两点之间安置水准仪,使仪器至 A、B 两点的距离大致相等。

(3)竖立水准尺于点 A 上。瞄准点 A 上的水准尺,精平后读数,此为后视读数,记入表中测点 A 一行的后视读数栏下。

(4)再将水准尺立于点 B,瞄准点 B 上的水准尺,精平后读取前视读数,并记入表中测点 B 一行的前视读数栏下。

(5)计算 A、B 两点的高差

$$h_{AB} = 后视读数 - 前视读数$$

四、记录格式

日期________ 天气________ 班级________ 小组________

仪器(型号)____________ 观测者____________ 记录者________

测点	后视读数	前视读数	高差(m)	备注

五、识别下列部件并写出它们的功能

部件名称	功能
准星和照门	
目镜对光螺旋	
物镜对光螺旋	
制动螺旋	
微动螺旋	
微倾螺旋	
脚螺旋	
圆水准器	
管水准器	

实验二　水准测量

一、目的和要求

(1)练习等外水准测量的观测、记录、计算与检核的方法。

由一个已知高程点 BM_0 开始,经待定高程点 TP_1、TP_2、TP_3,进行闭合水准路线测量,求出待定高程点 TP_1、TP_2、TP_3 的高程。

(2)实验小组由 5 人组成:一人观测、一人记录、一人打伞、二人扶尺。

二、仪器和工具

DS_3 型水准仪 1 台,水准尺 1 对,尺垫 2 个,记录本 1 本,伞 1 把。

三、方法和步骤

(1)在地面选定 TP_1、TP_2、TP_3 三个坚固点作为转点,BM_0 为已知高程点,其高程值由教师提供。安置仪器于点 BM_0 和转点 TP_1(放置尺垫)之间,目估前、后视距离大致相等,进行粗略整平和目镜对光。测站编号为 1。

(2)后视 BM_0 点上的水准尺,精平后读取后视读数 a_1,记入手簿。

(3)前视 TP_1 点上的水准尺,精平后读取前视读数 b_1,记入手簿。

(4)计算高差:高差等于后视读数减去前视读数。

(5)迁站至第 2 站继续观测。沿选定的路线,将仪器迁至点 TP_1 和点 TP_2 的中间,仍用第一站施测的方法,后视点 TP_1,前视点 TP_2,依次连续设站,经过点 TP_3 连续观测,最后仍回至点 BM_0。

(6)计算待定点初算高程:根据已知高程点 BM_0 的高程和各点间的观测高差计算 TP_1、TP_2、TP_3、BM_0 四个点的初算高程。

(7)计算检核:后视读数之和减去前视读数之和应等于高差之和,也等于终点高程与起点高程之差。

(8)观测精度检核:计算高差闭合差及高差闭合差容许值,如果小于容许值,则观测合格;若超过容许值,应重测。

四、注意事项

(1)在每次读数之前,应使水准管气泡严格居中,并消除视差。

(2)应使前、后视距离大致相等。

(3)在已知高程点和待定高程点上不能放置尺垫。转点用尺垫时,应将水准尺置于尺垫半圆球的顶点上。

(4)尺垫应踏入土中或置于坚固地面上,在观测过程中不得碰动仪器或尺垫,迁站时应保护前视尺垫不得移动。

(5)水准尺必须扶直,不得前、后、左、右倾斜。

五、记录与计算表

参见本书表格。

实验三　微倾式水准仪的检验与校正

一、目的和要求

(1)了解微倾式水准仪各轴线间应满足的几何条件。

(2)掌握微倾式水准仪检验与校正的方法。

(3)要求检校后的 i 角不得超过 20″,其他条件检校到无明显偏差为止。

二、仪器和工具

DS_3 水准仪 1 台,水准尺 1 对,皮尺 1 把,木桩(或尺垫)2 根,斧子 1 把,拨针 1 根,螺丝刀 1 把。

三、方法和步骤

(一)一般性检验

安置仪器后,首先检验三脚架是否牢固,制动和微动螺旋、微倾螺旋、对光螺旋、脚螺旋等是否有效,望远镜成像是否清晰。

(二)圆水准器轴应平行于仪器竖轴的检验与校正

检验:转动脚螺旋,使圆水准器气泡居中,将仪器绕竖轴旋转 180°以后,如果气泡仍居中,说明此条件满足;如果气泡偏出分划圈之外,则需校正。检验校正原理见图 2-1。

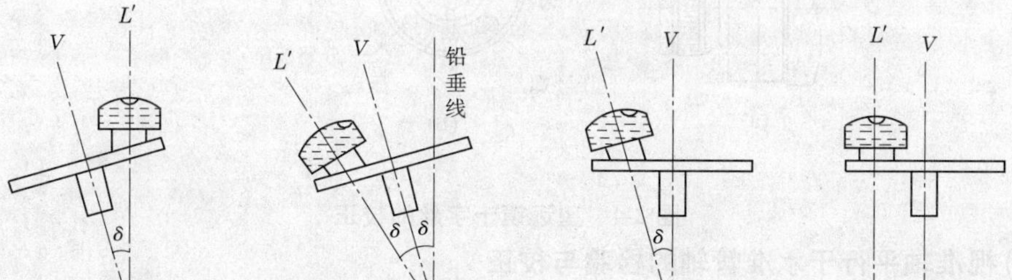

图 2-1　圆水准器检验校正原理

校正:先稍旋松圆水准器底部中央的固紧螺旋,然后用拨针拨动圆水准器校正螺丝(见图 2-2),使气泡向居中方向退回偏离量的一半,再转动脚螺旋使气泡居中,如此反复检校,直到圆水准器转到任何位置时,气泡都在分划圈内为止。最后旋紧固紧螺旋。

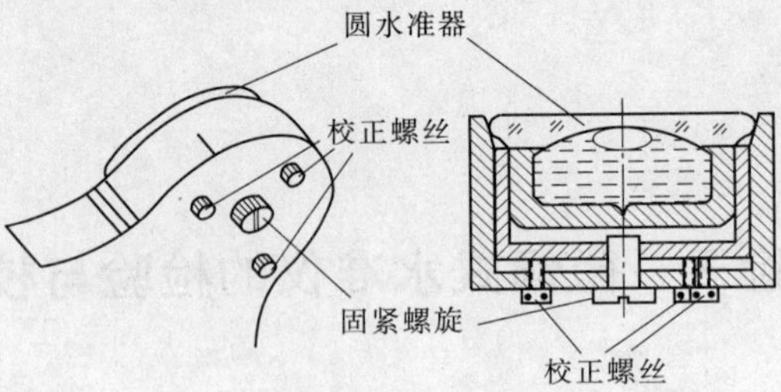

图 2-2　圆水准器的校正螺钉

(三)十字丝横丝应垂直于仪器竖轴的检验与校正

检验:用十字丝交点瞄准一明显的点状目标 P,转动微动螺旋,若目标点始终不离开横丝,说明此条件满足,如图 2-3 所示,否则需校正。

校正:旋下十字丝分划板护罩(有的仪器无护罩),如图 2-4 所示,用螺丝刀旋松分划板座三个固定螺丝,转动分划板座,使目标点 P 与横丝重合。反复检验与校正,直到条件满足。最后将固定螺丝旋紧,并旋上护罩。

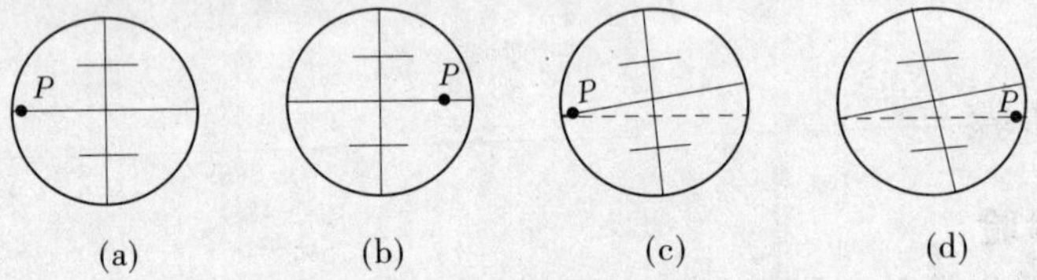

图 2-3　望远镜十字丝检验校正原理

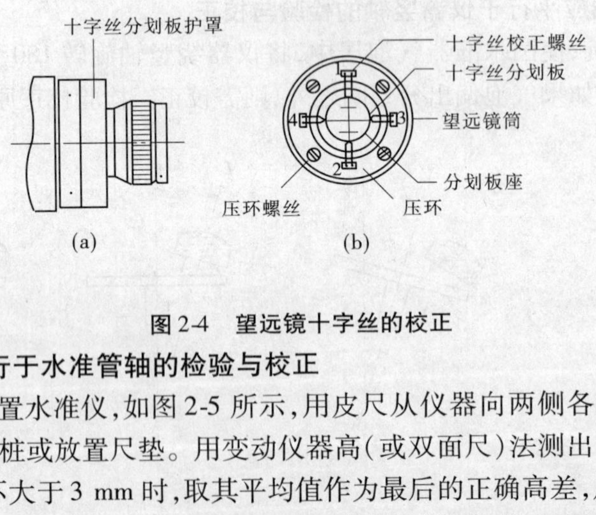

图 2-4　望远镜十字丝的校正

(四)视准轴平行于水准管轴的检验与校正

检验:在 C 处安置水准仪,如图 2-5 所示,用皮尺从仪器向两侧各量距约 40 m,定出等距离的 A、B 两点,打桩或放置尺垫。用变动仪器高(或双面尺)法测出 A、B 两点的高差。当两次测得高差之差不大于 3 mm 时,取其平均值作为最后的正确高差,用 h_{AB} 表示。

先安置仪器于点 B 附近的 3 m 处,瞄准 B 点水准尺,读数为 b_2,再根据 A、B 两点的正确高差算得 A 点尺上应有的读数 $a_2 = h_{AB} + b_2$,与在 A 点尺上的实际读数 a'_2 比较,得误差为 $\Delta h = a'_2 - a_2$,由此计算角值

$$i = \frac{\Delta h}{D_{AB}} \cdot \rho$$

式中:$\rho = 206\ 265''$,D_{AB} 为 A、B 两点间的距离。

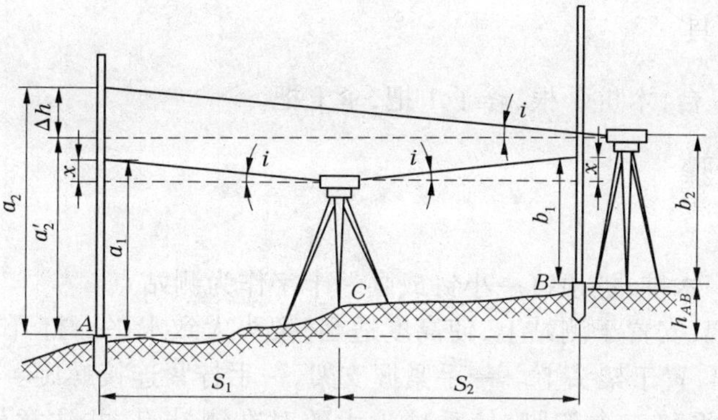

图 2-5　管水准器的检验与校正原理

校正：转动微动螺旋，使十字丝的中横丝对准 A 点尺上应有的读数 a_2，这时水准管气泡不居中，如图 2-6 所示，用拨针拨动水准管一端上、下两个校正螺丝，使气泡居中，松紧上、下两个校正螺丝前，先稍微旋松左、右两个校正螺丝，校正完毕，再旋紧。反复检校，直到 $i \leq 20''$为止。

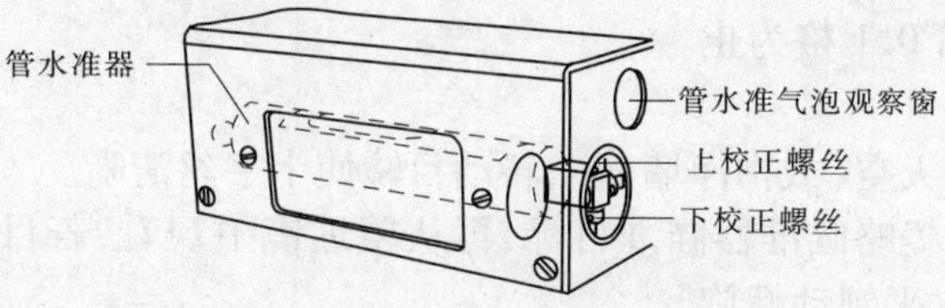

图 2-6　管水准器的校正

四、注意事项

(1)检校仪器时必须按上述的规定顺序进行，不能颠倒。

(2)校正用的工具要配套，拨针的粗细与校正螺丝的孔径要相适应。

(3)拨动校正螺丝时，应先松后紧，松紧适当。

五、记录格式

参见本书表格。

实验四　经纬仪的构造与使用

一、目的和要求

(1)了解 DJ_6 型经纬仪的基本构造及其主要部件的名称和作用。

(2)练习经纬仪对中、整平、瞄准与读数的方法，并掌握基本操作要领。

(3)要求对中误差小于 3 mm，整平误差小于一格。

二、仪器和工具

DJ_6 型经纬仪 1 台，木桩 1 根，斧子 1 把，伞 1 把。

三、方法和步骤

（一）对中

（1）在地面打一木桩，桩顶钉一小钉或画一十字作为测站点。

（2）松开三脚架，安置于测站上，使高度适当，架头大致水平。打开仪器箱，双手握住仪器支架，将仪器取出，置于架头上。一手紧握支架，一手拧紧连接螺旋。

（3）挂上垂球，平移三个架脚，使垂球尖大致对准测站点，并注意架头水平，踩紧三脚架。稍松连接螺旋，两手扶住基座，在架头上平移仪器，使垂球尖端准确对准测站点，再拧紧连接螺旋。

（二）整平

松开水平制动螺旋，转动照准部，使水准管平行于任意一对脚螺旋的连线，两手同时向内（或内外）转动这两只脚螺旋，使气泡居中。将仪器绕竖轴转动 90°，使水准管垂直于原来两脚螺旋的连线，转动第三只脚螺旋，使气泡居中。如此反复调试，直到仪器转到任何方向，气泡中心不偏离水准管 0.1 格为止。

（三）瞄准

（1）将望远镜对着天空（或白净墙面），转动目镜使十字丝清晰。

（2）用望远镜上的概略瞄准器瞄准目标，再从望远镜中观看，若目标位于视场内，可固定望远镜制动螺旋和水平制动螺旋。

（3）转动物镜对光螺旋使目标影像清晰，再调节望远镜和照准部微动螺旋，用十字丝的纵丝平分目标（或将目标夹在双丝中间）。

（4）眼睛微微左右移动，检查有无视差，若有，转动物镜及目镜对光螺旋予以消除。

（四）读数

（1）打开进光窗，调节反光镜使读数窗亮度适宜。

（2）旋转读数显微镜的目镜，使度盘及分微尺的刻划清晰，并区别水平度盘与竖盘读数窗。

（3）读取位于分微尺上的度盘刻划线所注记的度数，从分微尺上读取该刻划线所在位置的分数，估读至 0.1′（即 6″的整倍数）。

（4）盘左瞄准目标，读出水平度盘读数，纵转望远镜，盘右再瞄准该目标读数，两次读数之差约为 180°，以检核瞄准和读数是否正确。

四、记录格式

参见本书表格。

实验五　测回法测量水平角

一、目的和要求

（1）掌握测回法测量水平角的方法、记录及计算。

(2)每人对同一角度观测一测回，上、下半测回角值之差不得超过 ±40″，各测回角值互差不得超过 ±24″。

二、仪器和工具

经纬仪 1 台，记录本 1 本，伞 1 把，小花杆 2 根。

三、方法和步骤

(1)每组选一测站点 B 安置仪器，对中、整平后，再选定 A、C 两个目标，如图 2-7 所示。

图 2-7　水平角观测示意图

(2)如果度盘变换器为复测式，盘左转动照准部使水平度盘读数略大于零，将复测扳手扳向下，瞄准 A 目标，将扳手扳向上，读取水平度盘读数 a_1，记入手簿。如为拨盘式度盘变换器，应先瞄准目标 A，后拨度盘变换器，使读数略大于零。

(3)顺时针方向转动照准部，瞄准 C 目标，读数 b_1 并记录，盘左测得 $\angle ABC$ 为

$$\beta_{左} = b_1 - a_1$$

(4)纵转望远镜为盘右，先瞄准 C 目标，读数 b_2 并记录，逆时针方向转动照准部，瞄准 A 目标，读数 a_2 并记录，盘右测得 $\angle ABC$ 为

$$\beta_{右} = b_2 - a_2$$

(5)若盘左、盘右两个半测回角值之差不大于 40″，则计算一测回角值

$$\beta = \frac{1}{2}(\beta_{左} + \beta_{右})$$

(6)观测第二测回时，应将起始方向 A 的度盘读数安置于 90°附近，各测回角值互差不超过 ±24″，则计算平均角值。

四、记录格式

参见实验报告表格。

实验六　全圆方向法测量水平角

一、目的和要求

(1)练习方向观测法观测水平角的操作方法、记录和计算。

(2)半测回归零差不得超过 ±18″。

(3)各测回方向值互差不得超过 ±24″。

二、仪器和工具

经纬仪 1 台，木桩 1 根，记录本 1 本，斧子 1 把，伞 1 把。

三、方法和步骤

(1)在测站点 O 安置仪器，对中、整平后，选定 A、B、C、D 四个目标，如图 2-8 所示。

(2)盘左瞄准起始目标 A，并使水平度盘读数略大于零，读数并记录。

(3)顺时针方向转动照准部，依次瞄准 B、C、D、A 各目标，分别读取水平度盘读数并记录，检查归零差是否超限。

(4)纵转望远镜，盘右，逆时针方向依次瞄准 A、D、C、B、A 各目标，读数并记录，检查归零差是否超限。

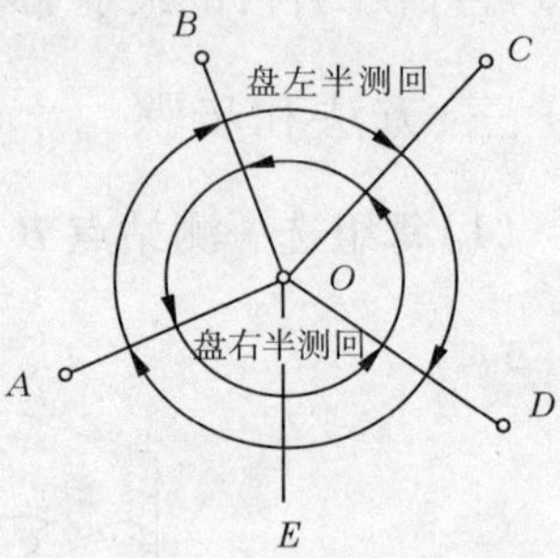

图 2-8　方向观测方法

(5)计算

①同一方向两倍视准轴误差 $2C$ = 盘左读数 −(盘右读数 ±180°)；

②各方向的平均读数 $=\frac{1}{2}$[盘左读数 +(盘右读数 ±180°)]；

③将各方向的平均读数减去起始方向的平均读数，即得各方向的归零方向值。

(6)第二人观测时，起始方向的度盘读数安置于 90°附近，同法观测第二测回。各测回同一方向归零方向值的互差不超过 ±24″，取其平均值，作为该方向的结果。

四、注意事项

(1)应选择远近适中，易于瞄准的清晰目标作为起始方向。

(2)如果方向数只有 3 个，可以不归零。

五、记录格式

参见实验报告表格。

实验七　竖直角测量与竖盘指标差的检验

一、目的和要求

(1)练习竖直角观测、记录及计算的方法。

(2)了解竖盘指标差的计算方法。

(3)同一组所测得的竖盘指标差的互差不得超过 ±25″。

二、仪器和工具

经纬仪 1 台，木桩 1 根，斧子 1 把，伞 1 把，记录本 1 本。

三、方法和步骤

(1)在测站点 O 上安置仪器,对中、整平后,选定 A、B 两个目标。

(2)先观察一下竖盘注记形式并写出竖直角的计算公式:盘左将望远镜大致整平,观察竖盘读数,然后将望远镜慢慢上仰,观察读数变化情况,若读数减小,则竖直角等于视线水平时的读数减去瞄准目标时的读数,反之,则相反。

(3)盘左,用十字丝中横丝切于 A 目标顶端,转动竖盘指标水准管微动螺旋,使竖盘指标水准管气泡居中,读取竖盘读数 L,记入手簿并算出竖直角 α_L。

(4)盘右,同法观测 A 目标,读取盘右读数 R,记录并算出竖直角 α_R。

(5)计算竖盘指标差 $$x=\frac{1}{2}(\alpha_R-\alpha_L)$$

或 $$x=\frac{1}{2}(L+R-360°)$$

(6)计算竖直角平均值 $$\alpha=\frac{1}{2}(\alpha_L+\alpha_R)$$

或 $$\alpha=\frac{1}{2}(R-L-180°)$$

(7)同法测定 B 目标的竖直角并计算出竖盘指标差,并检查指标差的互差是否超限。

四、注意事项

(1)观测过程中,对同一目标应使十字丝中横丝切准目标顶端(或同一部位)。

(2)每次读数前应使竖盘指标水准管气泡居中。

(3)计算竖直角和指标差时,应注意正、负号。

五、记录格式

参见实验报告表格。

实验八　经纬仪的检验与校正

一、目的和要求

(1)了解 DJ_6 型经纬仪各主要轴线之间应满足的几何条件及检校原理。

(2)掌握经纬仪检验与校正的操作方法。

二、仪器和工具

经纬仪 1 台,小钢直尺 1 把,皮尺 1 把,拨针(校正针)1 根,螺丝刀 1 把,记录本 1 本,伞 1 把。

三、方法与步骤

(一)一般性检验

安置仪器后,首先检验三脚架是否牢固,架腿伸缩是否灵活,各种制动螺旋和微动螺旋、对光螺旋以及脚螺旋是否有效,望远镜及读数显微镜成像是否清晰。

(二)照准部水准管轴垂直于仪器竖轴的检验与校正

检验:将仪器大致整平,转动照准部使水准管平行于任意一对脚螺旋的连线,转动该对脚螺旋使气泡严格居中;将照准部旋转 180°,若气泡仍居中,说明条件满足,若气泡中点偏离水准管零点超过 1 格,则需校正,如图 2-9 所示。

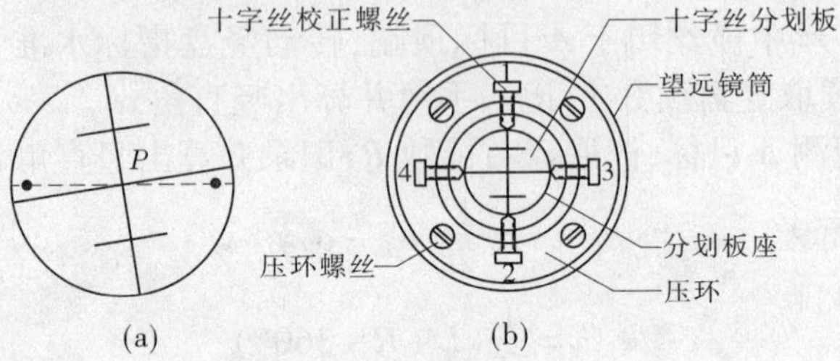

图 2-9　十字丝检验与校正

校正:用拨针拨动水准管一端的校正螺丝,应先松后紧,使气泡退回偏离量的一半,再转动脚螺旋使气泡居中。如此反复检校,直到水准管在任何位置时气泡都无明显偏离。

(三)十字丝竖丝垂直于仪器横轴的检验与校正

检验:用十字丝交点瞄准一清晰的点状目标 P,上、下移动望远镜,若目标点始终不离开竖丝,则该条件满足,否则需校正。

校正:旋下目镜端分划板护盖,松开 4 个压环螺丝,转动十字丝分划板座,使竖丝与目标点重合。反复检校,直到该条件满足。校正完毕,应旋紧压环螺丝,并旋上护盖。

(四)视准轴垂直于横轴的检验与校正

检验:在 O 点安置经纬仪,从该点向两侧量取 30 ~ 50 m,定出等距离的 A、B 两点,如图 2-10所示。于点 A 设置目标,点 B 横置一根有毫米刻划的小钢直尺,尺身与 AB 方向垂直并与仪器大致同高。盘左瞄准 A 目标,固定照准部,纵转望远镜在 B 点尺上读数为 B_1;盘右

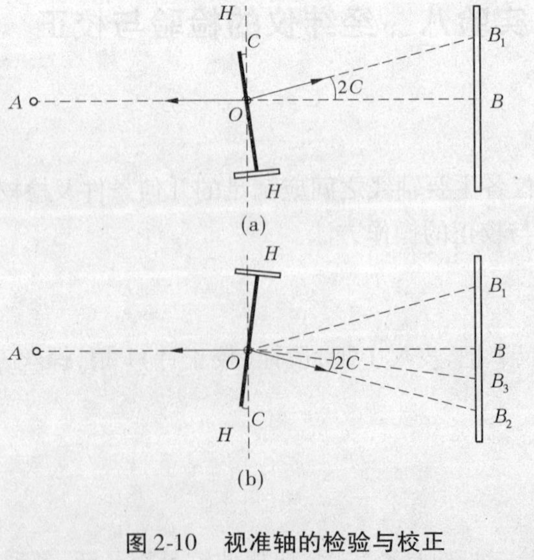

图 2-10　视准轴的检验与校正

再瞄准 A 目标,并纵转望远镜在 B 点尺上读数为 B_2。若 $B_1=B_2$,该条件满足;否则,按下式计算出视准轴误差 C

$$C=\frac{B_1B_2}{4\times OB}\cdot\rho$$

当 $C>60''$时,则需校正。

校正:先在 B 点尺上的 B_1、B_2 点之间定出一点 B_3,使

$$B_2B_3=\frac{B_1B_2}{4}$$

旋下分划板护盖,用拨针拨动十字丝左、右两个校正螺丝,一松一紧,使十字丝交点与 B_3 点重合。反复检校,直到 C 角不大于 $60''$。然后,旋上护盖。

(五)横轴垂直于仪器竖轴的检验与校正

检验:在距建筑物约 30 m 处安置仪器(用皮尺量出该距离 D),如图 2-11 所示,盘左瞄准墙上一高目标点 P(竖直角大约为 30°),观测并计算出竖直角 α,再将望远镜视线大致放平,将十字丝交点投在墙上定出 P_1 点;纵转望远镜成盘右位置,同法在墙上再定出 P_2 点,若 P_1、P_2 重合,则该条件满足;否则,按下式计算出横轴误差

$$i=\frac{P_1P_2\cdot\cot\alpha}{2D}\cdot\rho$$

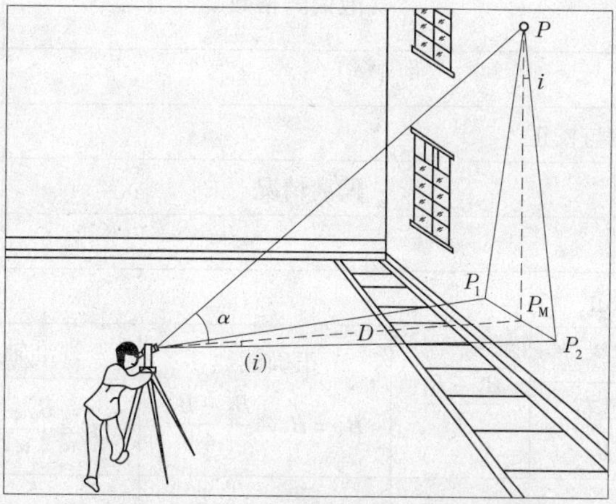

图 2-11　横轴垂直于竖轴的检验与校正

当 $i>1'$时,则需校正。

校正:使十字丝交点瞄准 P_1P_2 的中点 P_M,固定照准部;使望远镜向上仰至视线与 P 点同高,这时,十字丝交点必然偏离 P 点。取下望远镜右支架盖板,校正偏心轴环,升、降横轴一端,使十字丝交点精确对准 P 点。反复检校,直到 i 角小于 $1'$。最后,装上盖板。

(六)竖盘指标差的检验与校正

检验:整平仪器,用盘左、盘右观测同一目标点 P,转动竖盘指标水准管微动螺旋使气泡居中后,读记竖盘读数 L 和 R,按下式计算竖盘指标差

$$x=\frac{1}{2}(L+R-360°)$$

当 $x>1'$时,则需校正。

校正:仪器位置不变,仍以盘右瞄准原目标点 P,转动竖盘指标水准管微动螺旋使竖盘

读数为$(R-x)$，这时，气泡必然偏离。用拨针松、紧水准管一端的校正螺旋，使气泡居中。反复检校，直到 x 不超过$1'$。

四、注意事项

(1)必须按实验步骤进行检验、校正，顺序不能颠倒。

(2)第五项校正因需取下支架盖板，故该项校正应由专业维修人员进行。

五、记录格式

经纬仪的检验与校正

日期________ 天气________ 班级________ 小组________

仪器(型号)________ 观测者________ 记录者________

(1)一般性检验结果

三脚架________，水平制动与微动螺旋________，望远镜制动与微动螺旋________，照准部转动________，望远镜转动________，望远镜成像________，脚螺旋________。

(2)照准部水准管检验与校正

检验次数(仪器旋转180°)	气泡偏离格数	检验者

(3)十字丝竖丝的检验与校正

检验次数	偏离情况	检验者

(4)视准轴的检验与校正

检验次数	尺上读数		$\frac{B_2-B_1}{4}$	正确读数	视准轴误差	观测者
	盘左 B_1	盘右 B_2		$B_3=B_2-\frac{B_2-B_1}{4}$	$C=\frac{B_2-B_1}{4\times OB}\cdot\rho$	

(5)横轴的检验与校正

检验次数	P_1P_2 距离	竖盘读数(° ′ ″)	竖直角 α(° ′ ″)	仪器至墙面距离 D	横轴误差 $i=\frac{P_1P_2\cdot\cot\alpha}{2D}\cdot\rho$	观测者

(6)竖盘指标差的检验与校正

检验次数	竖盘位置	竖盘读数(° ′ ″)	竖直角(° ′ ″)	指标差(′ ″)	盘右正确读数(° ′ ″)	观测者

实验九　距离丈量和磁方位角的测定

一、目的和要求

(1)掌握钢尺量距的一般方法。

(2)学会使用罗盘仪测定直线的磁方位角。

(3)要求往、返丈量距离,相对误差不大于1/3 000,往、返测定磁方位角,误差不大于1°。

二、仪器和工具

钢尺1把,罗盘仪1个,标杆3个,测钎6个,木桩2根,斧子1把,记录本1本。

三、方法和步骤

(1)在地面选择相距约100 m的A、B两点,打下木桩,桩顶钉一小钉或画十字作为点位,在A、B两点的外侧竖立标杆。

(2)后尺手执尺零端,插一根测钎于起点A,前尺手持尺盒(或尺把)并携带其余测钎沿AB方向前进,行至一尺段处停下。

(3)一人立于B点后1~2 m处定线,指挥持标杆者将标杆左、右移动,使其插在AB方向的直线上。

(4)后尺手将尺零点对准点A,前尺手沿直线拉紧钢尺,在尺末端刻线处的地面上竖直地插下测钎,这样便量完了一个尺段。后尺手拔起A点测钎与前尺手共同举尺前进。同法继续丈量其余各尺段,每量完一个尺段,后尺手都要拔起测钎。

(5)最后,不足一整尺段时,前尺手将某一整数分划对准B点,后尺手在尺的零端读出厘米及毫米数,两数相减求得余长。往测全长$D_{往}=nl+q$(n为整尺段数,l为钢尺长度,q为余长)。

(6)同法由B向A进行返测,但必须重新进行直线定线,计算往、返丈量结果的平均值及相对误差,检查是否超限。

(7)安置罗盘仪于A点,对中、整平后,旋松磁针固定螺丝,放下磁针;用罗盘仪上的望远镜(或觇板)瞄准B点标杆,待磁针静止后,读取磁针北端在刻度盘上的读数,即为AB直线的磁方位角。同法测定BA直线的磁方位角。两者之差与180°相比较,其误差不超过1°时,取平均值作为最后结果。

四、注意事项

(1)钢尺拉出或卷入时不应过快,不得握住尺盒来拉紧钢尺。

(2)钢尺必须经过检定后才能使用。

(3)测磁方位角时,应避开铁器干扰,搬迁罗盘仪时要固定磁针。

五、记录格式

参见实验报告表格。

实验十 视距测量

一、目的和要求

(1)练习用视距法测定地面两点间的水平距离和高差。

(2)水平距离和高差要往、返测量,往、返测距离的相对误差不大于$\frac{1}{300}$,高差之差应不大于 5 cm。

二、仪器和工具

经纬仪 1 台,视距尺 1 把,木桩 2 根,斧子 1 把,伞 1 把,记录本 1 本,计算器 1 个,皮尺 1 把。

三、方法和步骤

(1)在地面上任意选择两点 A、B,相距约 100 m,各打一木桩。

(2)安置仪器于 A 点,用皮尺量出仪器高 i(自桩顶量至仪器横轴,精确到厘米),在 B 点竖立视距尺。

(3)盘左,用中横丝对准视距尺上仪器高 i 附近,再使上丝对准尺上整分米处,设读数为 b,然后读取下丝读数 a(精确到毫米)并记录,立即算出视距间隔 $l_L = a - b$。

(4)转动望远镜微动螺旋使中横丝对准尺上的仪器高 i 处;转动竖盘指标水准管微动螺旋,使竖盘指标水准管气泡居中,读竖盘读数并记录,算出竖直角 α_L。

(5)盘右,重复步骤(3)与(4),测得视距间隔 l_R 与竖直角 α_R。

(6)用盘左、盘右观测的视距间隔平均值和竖直角的平均值,计算 A、B 两点的水平距离和高差:

水平距离　　$D = kl\cos^2\alpha$　(取至 0.1 m)

高差　　$h_{AB} = D\tan\alpha$　(取至 0.1 m)

如使用 SHARP EL－5812 型计算器,按键次序如下:

α [DEG] [$x \to$M] [cos] [x^2] [×] kl [=] 显示为 D

[×] [RM] [tan] [=] 显示为 h'

[+] i [−] V [=] 显示为 h

(7)将仪器安置于 B 点,重新量取仪器高 i,在 A 点竖立视距尺,由另一观测者于盘左、盘右两个位置,使中丝对准尺上高度 v 处,读记上、中、下三丝读数(上、下丝均读至毫米)和竖盘读数,计算出水平距离和高差。这时,高差 $h_{AB} = D\tan\alpha + (i - V)$。检查往、返测得水平距离和高差是否超限。

四、记录格式

参见实验报告表格。

实验十一　经纬仪测绘法

一、目的和要求

(1)了解小平板仪的构造和用途。

(2)练习用经纬仪测绘地形图,平板仪辅助画图。

(3)掌握选择地形点的要领。

二、仪器和工具

经纬仪 1 台,小平板仪 1 台,视距尺 1 把,皮尺 1 把,计算器 1 个,伞 2 把,记录本 1 本,木桩 1 根,斧子 1 把,测图纸 1 张,透明胶带纸 1 卷。

三、方法和步骤

先将经纬仪安置在测站点 A 上,绘图板安置于测站近旁。如图 2-12 所示,用经纬仪测定碎部点方向与已知方向之间的水平角,并测定测站到碎部点的距离和碎部点的高程。然后根据数据用量角器和比例尺把碎部点的平面位置展绘于图纸上,并在点的右侧注记高程,对照实地勾绘地形。经纬仪测绘法测图操作简单、灵活,适用于各种类型的测区。以下所讲的是经纬仪测绘法在一个测站的测绘工序。

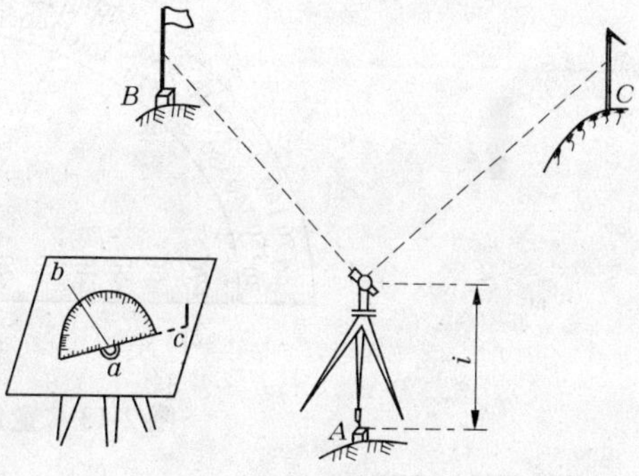

图 2-12　经纬仪测绘法

四、经纬仪测绘法的步骤

(一)安置仪器和图板

如图 2-12 所示,观测员安置经纬仪于测站点(控制点)A 上,包括对中和整平。量取仪器高 i,测量竖盘指标差 x。记录员在"碎部测量记录手簿"中记录,包括表头的其他内容。绘图员在测站的同名点上安置量角器。

(二)定向

照准另一控制点 B 作为后视方向,置水平度盘读数为 $0°00'00''$。绘图员在后视方向的同名方向上画一短直线,短直线过量角器的半径,作为量角器读数的起始方向线。

(三)立尺

司尺员依次将标尺立在地物、地貌特征点上。立尺前,司尺员应弄清实测范围和实地概略情况,选定立尺点,并与观测员、绘图员共同商定立尺路线。

(四)观测

观测员照准标尺,读取水平角 β、视距间隔 l、中丝读数 s 和竖盘读数 L。

(五)记录

记录员将读数依次记入手簿。有些手簿视距间隔栏为视距 K_l,由观测者直接读出视距值。对于有特殊作用的碎部点，如房角、山头、鞍部等，应在备注中加以说明。

（六）计算

记录员依据视距间隔 l、中丝读数 s、竖盘读数 L 和竖盘指标差 x、仪器高 i、测站高程 $H_{站}$，按视距测量公式计算平距和高程。

（七）展绘碎部点

绘图员转动量角器，将量角器上等于 β 角值（其碎部点为 114°00′）的刻划线对准起始方向线，如图 2-13 所示，此时量角器零刻划方向便是该碎部点的方向。根据图上距离 d，用量角器零刻划边所带的直尺定出碎部点的位置，用铅笔在图上点示，并在点的右侧注记高程。同时，应将有关地形点连接起来，并检查测点是否有错。

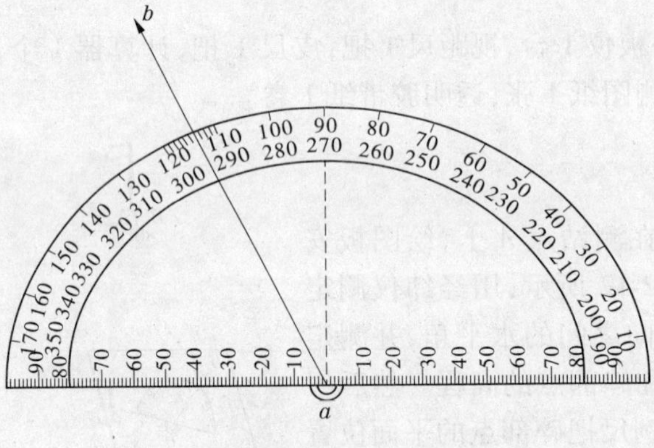

图 2-13　量角器展绘碎部点的方向

（八）测站检查

为了保证测图正确、顺利地进行，必须在工作开始时进行测站检查。检查方法是在新测站上测试已测过的地形点，检查重复点精度在限差内即可，否则应检查测站点是否展错。此外，在工作中间和结束前，观测员可利用时间间隙照准后视点进行归零检查，归零差不应大于 4′。在每测站工作结束时进行检查，确认地物、地貌无错测或漏测时，方可迁站。

五、测图过程中的注意事项

（1）为方便绘图员工作，观测员在观测时，应先读取水平角，再读取视距尺的三丝读数和竖盘读数；在读取竖盘读数时，要注意检查竖盘指标水准管气泡是否居中；读数时，水平角估读至 5′，竖盘读数估读至 1′即可；每观测 20 ~ 30 个碎部点后，应重新瞄准起始方向检查其变化情况，经纬仪测绘法起始方向水平度盘读数偏差不得超过 3′。

（2）立尺人员在跑点前，应先与观测员和绘图员商定跑尺路线；立尺时，应将标尺竖直，并随时观察立尺点周围情况，弄清碎部点之间的关系，地形复杂时还需绘出草图，以协助绘图人员做好绘图工作。

（3）绘图人员要注意图面正确、整洁，注记清晰，并做到随测点，随展绘，随检查。

（4）当每站工作结束后，应进行检查，在确认地物、地貌无测错或漏测时，方可迁站。

六、测绘碎部时的精度要求

（1）经纬仪对中误差≤5 mm，归零差≤4′。

（2）当竖直角超过3°时，应进行水平距离改正，即

$$D = kl \cdot \cos^2\alpha = 100l \cdot \cos^2\alpha$$

（3）每一测站必须选择两个明显的地物点与上一站进行校对，若无明显地物，则应用重点法进行检核。误差范围：平距不可超过0.6 mm；高程不可超过3 cm。

（4）主要街道及建筑物，应用经纬仪直接测绘，一般建筑物可用卷尺丈量标绘。应注意合理取舍，凡建筑物、构筑物轮廓凸凹部分在图上大于0.5 mm者，应按实测绘，反之，可用直线连出。

（5）地物按比例表示的，应实测外廓，填绘符号；不能按比例表示的，应准确表示其定位点或定位线。道路及其附属物，均应按实测绘；管线转角均应实测。线路密集时或居民区的低压电力线路和通信线路，可选择要点测绘；当管线直线部分的支架、线杆和附属设施密集时，可适当取舍；多种线路在同一杆时，表示主要的。

七、记录格式

参见实验报告表格。

实验十二　测设水平角与水平距离

一、目的和要求

（1）练习用精确法测设已知水平角，要求角度误差不超过±40″。

（2）练习测设已知水平距离，测设精度要求相对误差不应低于1/5 000。

二、仪器和工具

经纬仪1台，钢尺1把，测钎6个，斧子1把，伞1把，记录本1本，水准仪1台，水准尺1把，温度计1个，弹簧秤1个。

三、方法和步骤

（一）测设角值为 β 的水平角

（1）在地面上选 A、B 两点打桩，作为已知方向，安置经纬仪于 B 点，瞄准 A 点并使水平度盘读数为0°00′00″（或略大于0°）。

（2）顺时针方向转动照准部，使度盘读数为 β（或 A 方向读数 $+\beta$），在此方向打桩为 C 点，在桩顶标出视线方向和 C 点的点位，并量出 BC 距离。用测回法观测 $\angle ABC$ 两个测回，取其平均值为 β_1；计算改正数 $\overline{CC_1} = D_{BC} \cdot \dfrac{(\beta - \beta_1)}{\rho} = D_{BC} \cdot \dfrac{\Delta\beta}{\rho}m$，过 C 点作 BC 的垂线，沿垂线向外（$\beta > \beta_1$）或向内（$\beta < \beta_1$）量取 CC_1 定出 C_1 点，则 $\angle ABC_1$ 即为要测设的 β 角。再次检测改正，直到满足精度要求。

（二）测设长度为 D 的水平距离

利用测设水平角的桩点，沿 BC_1 方向测设水平距离为 D 的线段 BE。

（1）安置经纬仪于 B 点，用钢尺沿 BC_1 方向概量长度 D，并钉出各尺段桩，用检定过的钢尺按精密量距的方法往、返测定距离，并记下丈量时的温度（估读至0.5 ℃）。

(2)用水准仪往、返测量各桩顶间的高差,两次测得高差之差不超过 10 mm 时,取其平均值作为结果。

(3)将往、返丈量的距离分别加尺长、温度和倾斜改正后,取其平均值 D' 与要测设的长度 D 相比较求出改正数 $\Delta D = D - D'$。

(4)若 ΔD 为负,则应由 E 点向 B 点改正,若 ΔD 为正,则以相反的方向改正。最后再检测 BE 的距离,它与设计的距离之差的相对误差不得高于 1/5 000。

四、记录格式

参见实验报告表格。

实验十三　测设已知高程和坡度线

一、目的和要求

(1)练习测设已知高程点,要求误差不超过 ±8 mm。

(2)练习测设坡度线。

二、仪器和工具

水准仪 1 台,水准尺 1 把,木桩 6 根,斧子 1 把,伞 1 把,记录本 1 本,皮尺 1 把。

三、方法和步骤

(一)测设已知高程 $H_{设}$

(1)在水准点 A 与待测高程点 B(打一木桩)之间安置水准仪,读取 A 点的后视读数 a,根据水准点高程 H_A 和待测设点 B 的高程 $H_{设}$,计算出 B 点的前视读数 $b = H_A + a - H_{设}$。

(2)使水准尺紧贴 B 点木桩侧面上、下移动,当视线水平,中丝对准尺上读数为 b 时,沿尺底在木桩上画线,即为测设的高程位置。

(3)重新测定上述尺底线的高程,检查误差是否超限。

(二)测设坡度线

欲从 A 至 B 测设距离为 D、坡度为 i 的坡度线,规定每隔 10 m 打一木桩。

(1)从 A 点开始,沿 AB 方向量距、打桩并依次编号。

(2)起点 A 位于坡度线上,其高程为 H_A,根据设计坡度及 AB 两点的距离,计算出点 B 的设计高程,并用测设已知高程点的方法将点 B 测设出来。

(3)安置水准仪于 A 点,使一个脚螺旋位于 AB 方向上,另两只脚螺旋连线与 AB 垂直,量取仪器高 i。

(4)用望远镜瞄准点 B 上的水准尺,转动位于 AB 方向上的脚螺旋,使中丝对准尺上读数 i 处。

(5)不改变视线,依次立尺于各桩顶,轻轻打桩,待尺上读数为 i 时,桩顶即位于坡度线上。

若受地形所限,不许可将桩顶打在坡度线上,可读取水准尺上的读数,然后计算出各中间点桩顶距坡度线的填、挖数值:填(挖)数 $= i -$ 尺上读数,“-”为填,即坡度线在桩顶上面;“+”为挖,即坡线在桩顶下面。

四、记录格式

参见实验报告表格。

实验十四　全站仪的认识与使用

一、目的

了解全站仪的构造，熟悉全站仪的操作界面及作用。掌握全站仪的基本使用方法。

二、计划与设备

(1)时间安排:2 学时。
(2)实训设备:全站仪 1 台,棱镜 1 块,测伞 1 把,记录板 1 块。自备铅笔。

三、内容与要求

(1)认识全站仪的基本构造。
(2)用全站仪进行角度测量、距离测量和坐标测量。
(3)上交全站仪测量记录表。

四、注意事项

(1)不得用手指触摸透镜和棱镜。
(2)应保持插头清洁、干燥。在测量过程中不能拔出插头。拔出插头前应关机。

五、记录格式

参见实验报告表格。

实验十五　经纬仪导线内业坐标计算作业

一、目的和要求

(1)掌握导线计算的方法和步骤。
(2)要求每人计算一份。

二、仪器和用具

导线坐标计算表。

三、方法和步骤

(1)将观测和起算数据填入坐标计算表并绘出导线略图。
(2)计算角度闭合差并进行调整

$$f_\beta = \sum\beta_{测} - (n-2)\cdot 180°\text{(闭合导线)}$$

或

$$\left.\begin{aligned}f_\beta&=\alpha_{始}+\sum\beta_{左}-n\cdot180^\circ-\alpha_{终}\\f_\beta&=\alpha_{始}+n\cdot180^\circ-\sum\beta_{右}-\alpha_{终}\end{aligned}\right\}(附合导线)$$

$$f_{\beta容}=\pm40''\sqrt{n}$$

当$f_\beta\leqslant f_{\beta容}$时,方可进行调整。

改正数

$$\Delta\beta=-\frac{f_\beta}{n}$$

(3)用改正后的角值推算各边的坐标方位角

$$\alpha_{前}=\alpha_{后}+\beta_{左}-180^\circ(按左角推算)$$

或

$$\alpha_{前}=\alpha_{后}+180^\circ-\beta_{右}(按右角推算)$$

当前两项之和小于减数时,应加360°再减。

闭合导线应从起始边的方位角开始计算,最后再回到起始边,二者应完全一致,以资检核。

附合导线从起始边的已知方位角开始,计算至终边,与该边原已知方位角应完全一致,以资检核。

(4)计算坐标增量

$$\begin{cases}\Delta x=D\cdot\cos\alpha\\\Delta y=D\cdot\sin\alpha\end{cases}$$

坐标增量可利用计算器上由极坐标转换为直角坐标的功能进行计算。

(5)计算坐标增量闭合差并进行调整

$$\left.\begin{aligned}f_x&=\sum\Delta x\\f_y&=\sum\Delta y\end{aligned}\right\}(闭合导线)$$

$$\left.\begin{aligned}f_x&=x_{始}+\sum\Delta x-x_{终}\\f_y&=y_{始}+\sum\Delta y-y_{终}\end{aligned}\right\}(附合导线)$$

导线全长闭合差

$$f=\sqrt{f_x^2+f_y^2}$$

导线全长相对闭合差

$$K=\frac{F}{\sum D}=\frac{1}{\frac{\sum D}{f}}$$

若$K\leqslant K_{容}=1/2\ 000$,方可进行调整。

其调整的改正数为

$$\begin{cases}V_{x_i}=-\dfrac{f_x}{\sum D}\cdot D_i\\[2ex]V_{y_i}=-\dfrac{f_y}{\sum D}\cdot D_i\end{cases}$$

改正后的坐标增量依次计算出各点坐标

$$\begin{cases}x_{前}=x_{后}+\Delta x_{改}\\y_{前}=y_{后}+\Delta y_{改}\end{cases}$$

四、作业题

由教师在第六章思考题与习题中选取。

五、导线坐标计算表

参见实验报告表格。

课题二 测量实验报告

实验报告一 水准仪的构造与使用

日期________ 班级________ 小组________ 姓名________ 成绩________

一、完成下列填空

安装仪器后，转动____________使圆水准器气泡居中，转动____________看清十字丝，通过______________粗瞄水准尺，转动______________精确照准水准尺，转动______________消除视差，转动____________使水准管气泡居中，最后读取读数。

二、完成手簿中高差计算

水准测量手簿

测站	点号		后视读数	前视读数	高差		备注
					+	−	
	后视						
	前视						
	后视						
	前视						
	后视						
	前视						
	后视						
	前视						
	后视						
	前视						
	后视						
	前视						
验算	$\sum$	$\sum a=$	$\sum b=$	$\sum +h=$	$\sum -h=$		
	$\sum a-\sum b=$						

三、在下面填写学习中的疑难问题

实验报告二　高差法水准测量手簿(闭合水准路线)

高差法水准测量手簿

班　　组＿＿＿＿＿＿＿＿　日期＿＿＿＿＿＿＿＿　观测＿＿＿＿＿＿＿＿

仪器编号＿＿＿＿＿＿＿＿　天气＿＿＿＿＿＿＿＿　记录＿＿＿＿＿＿＿＿

测段	测点	后视读数 a(m)	前视读数 b(m)	高差 h(m) +	高差 h(m) −	高程 H(m)	备注
						100.000	已知点
计算检核		$\sum a =$	$\sum b =$	$\sum +h =$	$\sum -h =$	$H_{终} - H_{始} =$	
		$\sum a - \sum b =$		$\sum h =$			

视线高法水准测量手簿(闭合水准路线)

班　　组______________　日期______________　观测______________

仪器编号______________　天气______________　记录______________

测点	后视读数 a(m)	视线高 H_i(m)	前视读数(m)		高程 H (m)	备注
			转点	中间点		
BM_0						
$\sum a$			$\sum b$		$H_{终} - H_{始} =$	
$\sum a - \sum b$						

闭合水准路线高差闭合差调整计算表

日期________ 天气________ 仪器编号________ 观测员________ 记录员________

点号	测段编号	距离（m）	测站数（站）	实测高差（m）	改正数（mm）	改正后高差（m）	高程（m）	点号	备注
Σ									
辅助计算	高差闭合差 $f_h =$ 容许闭合差 $f_{h容} = \pm 12\sqrt{n} =$ （mm）								

在下面填写疑难问题及模糊概念：

实验报告三　水准仪的检验与校正

日期________ 班级________ 小组________ 姓名________ 成绩________

(1)一般检查

三脚架是否牢固		校正后情况	
制动及微动螺旋是否有效			
其他			

(2)圆水准器轴平行于竖轴

转 180°检验次数	气泡偏离情况(mm)	校正后情况

(3)十字丝横丝垂直于竖轴

检验次数	误差情况	校正后情况
1		
2		

(4)视准轴平行于水准管轴(i 角 $=\Delta h/D_{AB}\cdot\rho$,应≤20″,$\Delta h=a_2-a_2'$)

仪器在中点求正确高差			仪器在 B 点旁检验校正		
第一次	A 点尺上读数 a_1		第一次	B 点尺上读数 b_2	
	B 点尺上读数 b_1			A 点尺上读数 a_2	
	$h_1=a_1-b_1$			A 点尺上应读数 $a_2'=b_2+h_1$	
				视准轴偏上(或偏下)的数值 i 角	
第二次	A 点尺上读数 a_3		第二次	B 点尺上读数 b_4	
	B 点尺上读数 b_3			A 点尺上读数 a_4	
	$h_2=a_3-b_3$			A 点尺上应读数 $a_4'=b_4+h_2$	
				视准轴偏上(或偏下)的数值 i 角	
平均值	平均高差		校正后	B 点尺上读数 b	
	$h=\frac{1}{2}(h_1+h_2)=$			A 点尺上读数 a	
				A 点尺上应读数 $a'=b+h$	
				视准轴偏上(或偏下)的数值 i 角	

实验报告四　经纬仪的构造与使用

日期＿＿＿＿＿　班级＿＿＿＿＿　小组＿＿＿＿＿　姓名＿＿＿＿＿　成绩＿＿＿＿＿

一、水平角观测记录

水平角观测手簿

测站	竖盘位置	目标	水平度盘读数			水平角值			备注
			°	′	″	°	′	″	
O	左	*A*							
		B							
	右	*A*							
		B							
	左	*A*							
		B							
	右	*A*							
		B							

二、试写出所用经纬仪照准起始目标，使水平度盘读数为0°00′00″的操作步骤。

三、疑难问题备注

实验报告五　水平角观测手簿(测回法)

日期__________　班级__________　小组__________　姓名__________　成绩__________

测站	盘位	目标	水平度盘读数 (° ′ ″)	半测回角值 (° ′ ″)	一测回角值 (° ′ ″)	各测回角值 (° ′ ″)	备注
O	左	*A*					
		B					
	右	*A*					
		B					
	左						
	右						
	左						
	右						
	左						
	右						
	左						
	右						
	左						
	右						

实验报告六　全圆方向法测量水平角

日期________ 班级________ 小组________ 姓名________ 成绩________

测站	目标	水平度盘读数		2C (′ ″)	平均读数 (° ′ ″)	一测回归零方向值 (° ′ ″)	各测回平均方向值 (° ′ ″)	角值 (° ′ ″)
		盘左 (° ′ ″)	盘右 (° ′ ″)					
1	2	3	4	5	6	7	8	9
	第 1 测回							
	A							
	B							
O	*C*							
	D							
	A							
	Δ							
	第 2 测回							
	A							
	B							
O	*C*							
	D							
	A							
	Δ							

实验报告七　竖直角观测及竖盘指标差检验与校正

日期________ 班级________ 小组________ 姓名________ 成绩________

一、写出竖直角计算公式

（1）在盘左位置视线水平时，竖盘读数是________，上仰望远镜读数是________（增加或减少），所以 $\alpha=$________。

（2）在盘右位置视线水平时，竖盘读数是________，上仰望远镜读数是________（增加或减少），所以 $\alpha=$________。

二、将竖直角观测成果记入手簿

竖直角观测手簿

测站	目标	竖盘位置	竖盘读数 (° ′ ″)	竖直角 (° ′ ″)	平均竖直角 (° ′ ″)	备注
O	*A*	左				
	A	右				
O	*B*	左				
	B	右				
		左				
		右				
		左				
		右				
		左				
		右				
		左				
		右				
		左				
		右				
		左				
		右				
		左				
		右				
		左				
		右				

三、根据竖直角观测记录回答下列问题(填在横线上)

(1)所用仪器有无指标差？____________;是多少？____________;在盘左测得的竖直角中加____________就能得到正确的竖直角。

(2)在盘右位置,十字丝照准被观测过的目标,竖盘的应读数是多少？____________。

(3)校正前转动指标水准管微动螺旋,当读竖盘应读数时,该水准管气泡是否仍然居中？____________;校正时拨什么部件使气泡居中？____________。

实验报告八　经纬仪检验与校正

日期＿＿＿＿＿　班级＿＿＿＿＿　小组＿＿＿＿＿　姓名＿＿＿＿＿　成绩＿＿＿＿＿

天气：　　　　　仪器编号：　　　　　观测员：　　　　　记录员：

(1)一般检查

三脚架是否牢固		螺旋洞等处是否清洁	
仪器转动是否灵活		望远镜成像是否清晰	
制动及微动螺旋是否有效		其他	

(2)水准管轴垂直于竖轴

检验(照准部转180°)次数	1	2	3	4	校正后
气泡偏离格数					

(3)十字丝竖丝垂直于横轴

检验次数	误差情况	校正后情况
1		
2		

(4)视准轴垂直于横轴(2*C* 差)四分之一法

	仪器	检查项目	横尺读数		检查项目	横尺读数
检查	在位置 *O* 后视 *A*,倒转望远镜前视 *B*	盘左 B_1		校正后复查	盘左 B_1	
		盘右 B_2			盘右 B_2	
		$B_2 - B_1$			$B_2 - B_1$	
		$(B_2 - B_1)/4$			$(B_2 - B_1)/4$	

(5)横轴垂直于竖轴

第一次检验	记录	第二次检验	记录
瞄准高点时的竖直角		瞄准高点时的竖直角	
仪器离墙面的距离		仪器离墙面的距离	
$P_1P_2 =$		$P_1P_2 =$	
P_1 在 P_2(左、右)		P_1 在 P_2(左、右)	

(6)竖盘指标差

目标	竖盘位置	竖盘读数	竖盘指标差	竖盘水平始读数	
	左			$L_0 =$	
	右			$R_0 =$	

实验报告九　距离丈量及磁方位角测定

日期____________　班级____________　小组____________　姓名____________　成绩____________

一、测量过程描述

二、钢尺一般量距及磁方位角测定手簿

线段名称	观测次数	整尺段数 n	零尺段长度 l'(m)	线段长度 $D' = ne + l'$(m)	平均长度 D(m)	精度 k	观测磁方位角（°　′）	平均磁方位角（°　′）
	往							
	返							
	往							
	返							
	往							
	返							
	往							
	返							
	往							
	返							
	往							
	返							

注：钢尺长度 l = ____________(m)

三、疑难问题备注

实验报告十　钢尺精密量距手簿

日期__________　班级__________　小组__________　姓名__________　成绩__________

天气：　　　　观测员：　　　　记录员：

钢尺号码：　　　　钢尺膨胀系数：　　　　钢尺检定时温度 t_0：

钢尺名义长度 l_0：　　　　钢尺检定长度 l'：　　　　钢尺检定时拉力：

尺段编号	实测次数	前尺读数（m）	后尺读数（m）	尺段长度（m）	温度（℃）	高差（m）	温度改正数（mm）	尺长改正数（mm）	高差改正数（mm）	改正后尺段长（m）
	1									
	2									
	3									
	平均									
	1									
	2									
	3									
	平均									
	1									
	2									
	3									
	平均									
	1									
	2									
	3									
	平均									
总和										

$AB_{往} =$　　　　（m）　　　　$AB_{返} =$　　　　（m）

$\overline{D}_{AB} = \frac{1}{2}(AB_{往} + AB_{返}) =$　　　　（m）　　　　$k = \frac{AB_{往} - AB_{返}}{D_{AB}} = \frac{1}{\quad}$

$k_{容} = \frac{1}{\quad}$　　　　$D_{AB} = \overline{D}_{AB} =$　　　　（m）

实验报告十一　经纬仪钢尺导线测量

日期__________ 班级__________ 小组__________ 姓名__________ 成绩__________

天气：　　　　仪器编号：　　　　观测员：　　　　记录员：

仪器位置	竖盘位置	目标	度盘读数（°　′　″）	水平角值（右角或左角）（°　′　″）	平均角值（右角或左角）（°　′　″）	边名	边长（m）	备注（示意图）
	左							
	右							
	左							
	右							
	左							
	右							
	左							
	右							

疑难问题备注：

实验报告十二　经纬仪测绘法

日期__________　班级__________　小组__________　姓名__________　成绩__________

视距测量手簿

天气：　　仪器编号：　　立尺：　　观测：　　记录：　　绘图：

测站：　　后视：　　仪器高 $i=$　　水平读数 $L_0=$　　测站点高程 $H_A=$

测点	水平角（° ′ ″）	下丝	上丝	kl	中丝	竖盘读数（° ′ ″）	竖直角（° ′ ″）	水平距离（m）	高差（m）	高程（m）	备注

实验报告十三　点位测设的基本工作

日期＿＿＿＿＿＿　班级＿＿＿＿＿＿　小组＿＿＿＿＿＿　姓名＿＿＿＿＿＿　成绩＿＿＿＿＿＿

一、水平角测设

(1)测设过程描述

(2)水平角测设手簿

测站	设计角值 (° ′ ″)	竖盘 位置	目标	水平度盘置数 (° ′ ″)	测设略图	备注
		左				此表精密测设时反用盘左位置
		右				
		左				
		右				

(3)水平角检测手簿

测站	竖盘	目标	水平度盘置数 (° ′ ″)	角值 (° ′ ″)	平均角值 (° ′ ″)	备注

(4)疑难问题备注

二、距离测设

(1)测设过程描述

(2)距离测设手簿

线名	设计距离 D(m)	测设钢尺读数(m)		精密检测距离 D'(m)	距离改正数 $\Delta D = D' - D$ (mm)	备注
		后端	前端			

(3)距离检测手簿

钢尺号码：　　　　　　钢尺膨胀系数：　　　　　　钢尺检定温度：

钢尺名义长度：　　　　钢尺检定长度：　　　　　　钢尺检定拉力：

尺段	次数	前尺读数(m)	后尺读数(m)	尺段长度(m)	温度改正数(mm)	高差改正数(mm)	尺长改正数(mm)	改正后尺段长度(m)	备注

(4)疑难问题备注

实验报告十四　高程测设、坡度线的测设

日期__________　班级__________　小组__________　姓名__________　成绩__________

一、高程测设

(1)测设过程描述

(2)高程测设手簿

测站	水准点号	水准点高程	后视	视线高	测点编号	设计高程	桩顶应读数	桩顶实读数	桩顶挖填数

(3)高程检测手簿

测站	水准点号	水准点高程	后视	视线高	测点编号	设计高程	检测高程	设计高程	测设误差

(4)疑难问题备注

二、坡度线的测设

三、测设过程描述

四、坡度线测设手簿

线名：　　　　设计坡度：　　　　水准点高程：　　　　$H_{水}$ =

点号	后视 a	视线高 $H_{视}$	坡线设计高程 $H_{设}$	坡线读数 $b_{坡}$	桩顶读数 $b_{桩}$	挖填数 W	备注
1	2	3	4	5	6	7	8

五、疑难问题备注

实验报告十五　全站仪的认识与使用

班级________　小组________　姓名________　学号________　成绩________

全站仪测量记录表

测站点：　仪器高：　测站点已知坐标和高程（X_0 =　Y_0 =　H_0 =　）

后视点：　后视点已知坐标和高程（X =　Y =　）或定向方位角：

测点	测回	棱镜高（m）	竖盘位置	水平角观测		竖直角观测		距离高差测量			坐标测量		
				水平度盘读数（° ′ ″）	水平角角值（° ′ ″）	竖直度盘读数（° ′ ″）	竖直角（° ′ ″）	斜距（m）	平距（m）	高差（m）	X（m）	Y（m）	H（m）

实验报告十六　导线测量内业坐标计算

日期＿＿＿＿＿＿＿＿　　　　计算＿＿＿＿＿＿＿＿

点号	观测角 (° ′ ″)	改正数 (° ′ ″)	改正角 (° ′ ″)	坐标方位角 α (° ′ ″)	距离 D (m)	增量计算值		改正后增量		坐标值		点号
						Δx(m)	Δy(m)	Δx(m)	Δy(m)	x(m)	y(m)	
Σ										示意图		
辅助计算												

单元三 测量实习

课题一 测量实习计划

一、实习目的与要求

测量实习是教学的重要组成部分,是检验课堂理论、巩固和深化课堂知识的重要环节。通过测量实习,贯彻理论联系实际的原则,使学生形成系统的测量理论知识和基本技能,在实际中培养学生动手能力,训练严谨的科学态度和优良的工作作风,提高观测、绘图、用图和放样能力,培养其独立工作能力和组织管理能力,促进学生由知识向能力的转化,使学生能独立从事小区域地形测量及一般工程测量工作,为今后解决实际工程中的有关测量方面的问题打下良好的基础。通过实习,培养学生艰苦朴素、关心集体、热爱劳动、爱护公物的思想品质,牢固地树立为国家经济建设服务的思想。

二、实习内容

测量实习内容为测绘地形图、地形图的应用、施工放样及精密仪器见习四个部分。其中测图是以学校为基地。

测图比例尺为1:500。采用城市坐标系统与国家高程系统。其余三部分以及部分实际工程项目内容可结合地形图测绘进行。实习时间为2周。实习结束每组提交实习工作总结一份,地形图一幅,放样平面图一幅及其他实习成果;每人提交实习报告一份。

三、实习领导与组织

为加强实习期间各项管理工作,有效地进行管理和指导,将指导老师分成组织管理组和技术指导组,组织管理组由教研室主任任组长,负责学生实习的政治思想、组织管理、作风、纪律、检查、监督以及参观工地、实际项目的联系等工作。组织管理组分工如下:由任课老师及其他实习指导老师具体管理。

技术组由任课老师及其他实习指导老师组成。技术组负责技术指导和仪器管理工作。技术指导采用"三点链接式"指导法,即在每阶段实习开始前进行"集中辅导",由任课老师介绍前段实习中存在的问题的解决方法和后段实习的技术要点;实习开始后进行"巡回指导",由技术组指导老师巡回各组进行指导;然后在实习指导办公室进行"定点答疑",以解决各小组随机发生的技术问题。

学生实习以小组为单位进行,每班学员分为5~6个小组。每组5~6人,设组长1人,由小组成员民主选举。各组成员在实习期间,不准任意更换,抽调人员须经组织管理组组长批准。

各班班委应充分发挥作用。实习期间,配合指导老师,开展班组里各项实习工作,即:班里会议召集、人员组织、各组的任务分配、班及组内实习工作进展的联络、统计;技术资料的收集、整理及疑难问题的汇报、处理等。

学生实习小组长在指导老师和班委领导下,担任下列工作:

(1)负责小组的学习、纪律、安全、组织、管理。

(2)负责小组的工作计划、布置、分工、轮换。

(3)负责组织保管好分发的仪器、设备和实习中的技术资料。

(4)负责向班委、指导老师汇报组内工作与学习、思想情况;负责填写“实习成绩分析记录表”;写出小组实习工作总结。

四、实习纪律

(1)严格校风校纪,不得无故迟到、早退、缺勤。实习期间不准请事假,如有特殊情况,应报组织管理组老师批准。

(2)讲究文明礼貌,遵纪守法。遵守群众纪律,注意道德修养。不得有打人、骂人、污辱他人等现象发生。

(3)爱护和妥善使用仪器,如有损坏和丢失,应及时向组织管理组老师汇报;老师应及时检验,并根据实际情况,按学院有关规定处理。对于隐瞒事故、知情不报的小组,还要追究组长责任,并对责任人加重处理。

五、注意事项

(1)实习小组成员应服从领导、听从指挥、爱护仪器,管好实习资料,努力工作,争取提前完成任务。

(2)应认真阅读“实习指导书”及其他附件,要保证测图质量,发现错误,及时返工。

(3)加强同学之间、师生之间的团结,注意搞好群众关系;严格作息时间;注意气候变化,及时增减衣服;注意饮食卫生,以保健康;注意交通安全。

(4)提高警惕,防止仪器设备丢失和意外事故的发生,否则,事故责任由当事人负责。

六、实习成绩评定

实习结束后,根据学生的操作技能、完成任务的数量与质量、组织纪律、劳动态度、爱护仪器和工具,以及分析和解决问题的能力等项指标,由指导老师综合考核评定。

七、实习时间安排

实习时间安排建议见表 3-1。

表 3-1　实习时间安排

实习主要内容	时间	备注
1. 实习动员、集中辅导、分组、分发仪器设备、检校仪器、踏勘测区、选点并标记	1 天	实习期间,每周工作 5 天,实习时间共计 10 天
2. 平面、高程控制测量(外业、内业),绘制坐标方格网,展绘控制点,集中辅导	2.5 天	
3. 碎部测量、地形图的检查与拼接、集中辅导	3 天	
4. 整图	1 天	
5. 地形图应用、集中辅导	1 天	
6. 施工放样、精密仪器见习	0.5 天	
7. 整理实习报告及各项成果,送还仪器设备,集中辅导及实习总结	1 天	

课题二　测量实习技术指导书

一、测量技术设计和作业方法指导

(一)××省××市××县××乡1:500大比例尺地形图的测绘

1. 测区的自然条件和困难类别

本测区地形较为平坦,多数坡度在3°以下,属平地,但又属建筑区。因居住密集、树林密布,人流车辆繁多,通视亦有困难,故类别为Ⅳ类。

2. 原有测绘资料

测区内有一个已知点(1、2号点)的平面坐标和高程(x_1 = ××××.×××m,y_1 = ××××.×××m;H_1 = ×××.×××m)。已知方位角$\alpha_{1,2}$ = ×××°××′××″。

3. 平面控制测量

各小组可用经纬仪导线分别建立闭合导线以作为图根控制。

1)平面控制测量外业

(1)选点打桩。每组在分配任务范围(200 m×200 m)内选9~11个图根控制点,组成闭合导线,作为小组平面控制。控制点应选在土质坚实、便于保存标志和安置仪器,视野开阔、便于施测碎部的地方;相邻控制点间应通视良好、相对平坦,便于量距和测角;导线边长为50~90 m。

控制点选定后,立即打桩并画十字线或钉小钉标志,还应立即编号、绘制点之记。

(2)导线各内角应用DJ_6经纬仪施测一测回。当前、后半测回角值之差$\Delta\beta \leqslant \Delta\beta_{容} = \pm 40''$时,取平均值为最后结果。导线角度闭合差$f_{\beta应} \leqslant f_{\beta容} = \pm 40''\sqrt{n}$($n$为转折角的数目)。

(3)导线各边长应用钢尺往、返丈量,相对误差$k_d \leqslant k_{d容} = 1/3\ 000$。钢尺量距中,当坡度$i \leqslant 0.02$、温差$\Delta t = t - t_0 \leqslant \pm 10°$,尺长误差$\Delta l_0 / l_0 \leqslant 1/10\ 000$时,可不进行坡度、温度、尺长的修正。

(4)联测:为使控制点的坐标纳入本校统一坐标系统,应与首级控制网点联测,以传递方位角、坐标和高程。为保证联测精度,其连接角的圆周角闭合差应小于等于40″;边长应往返丈量,其往返较差的相对误差应小于等于1/3 000。

(5)加密控制可用内外分点法或钢尺量距支导线法。支导线边长D宜小于等于100 m,距离用钢尺往、返丈量,相对误差$k_d \leqslant k_{d容} = 1/3\ 000$;角度应用$DJ_6$级经纬仪施测左、右角各一测回,其圆周角闭合差小于等于40″,支导线只许伸出2站,并只能作为测站点。

当解析图根点不能满足测图需要时,可增补少量视距支点。视距支点只能伸出一站;边长应小于等于40 m,距离应往、返视距观测,相对误差≤1/150;角度施测1个测回。

2)平面控制测量内业

将校验过的外业数据及联测出的起算数据填入导线坐标计算表进行内业计算,当计算导线全长的相对闭合差$k \leqslant k_{容} = 1/2\ 000$时,可进行平差,计算各导线点的坐标。

4. 高程控制测量

高程控制网可选用平面控制网点和高程系统,均采用四等水准测量方法施测。具体要求为:

(1)观测方法为双面尺法。用 DS_3 级水准仪及双面尺施测，观测顺序为“后前前后”。闭合路线中为往一次，与首级网联测为往、返各一次。

(2)每一站精度要求：前后视距差小于等于 5 m；前后视距累计差小于等于 10 m；同一尺黑红面中丝读数常数差误差小于等于 3 mm；黑红面高差之差误差小于等于 5 mm，取平均值。

(3)高程内业：将校核过的外业数据填入“水准高程内业计算表”计算，水准网闭合差 $f_h \leqslant f_{h容} = \pm 20\sqrt{L}$(mm)或 $\pm 6\sqrt{n}$(mm)(n 为测站数；L 为水准路线长，以千米计)，然后根据联测点的高程推算出各控制点的高程。

5. 绘制坐标格网和展绘控制点

(1)用对角线法将绘图纸绘成 40 cm × 50 cm 的坐标格网。对角线检查：边长误差小于等于 0.2 mm，误差三角形斜边小于等于 0.3 mm。

(2)展绘控制点：先根据本校地形图统一分幅，注记坐标格网外围坐标值，然后将各控制点依其坐标值展绘于坐标格网中。其边长误差小于等于 0.3 mm。

6. 地形测量方法与精度

本测区地形测量采用经纬仪测绘法或全站仪测绘法，比例尺为 1:500，按照一般地区地形测图方法与技术要求施测。

1)碎部点的选择

碎部测量就是测定碎部点的平面位置和高程。地形图的质量在很大程度上取决于立尺员能否正确合理地选择地形点。地形点应选在地物或地貌的特征点上。地物特征点就是地物轮廓的转折、交叉和弯曲等变化处的点及独立地物的中心点。地貌特征点就是控制地形的山脊线、山谷线和倾斜变化线等地形线上的最高、最低点，坡度和方向变化处，以及山头和鞍部等处的点。地形点的密度主要根据地形的复杂程度确定，也决定于测图比例尺和测图的目的。测绘不同比例尺的地形图，对碎部点间距有不同的限定，对碎部点距测站的最远距离也有不同的限定。表 3-2、表 3-3 给出了地形测绘采用视距测量方法测量距离时的地形点最大间距和最大视距的允许值。

表 3-2　地形点最大间距和最大视距(一般地区)

测图比例尺	地形点最大距离(m)	最大视距(m)	
		主要地物特征点	次要特征点和地形点
1:500	15	60	100
1:1 000	30	100	150
1:2 000	50	130	250
1:5 000	100	300	350

2)测站的测绘工作

经纬仪测绘法的实质是极坐标法。先将经纬仪安置在测站上，如图 3-1 所示，绘图板安置于测站近旁。用经纬仪测定碎部点方向与已知方向之间的水平角，并测定测站到碎部点的距离和碎部点的高程。然后根据数据用量角器和比例尺把碎部点的平面位置展绘于图纸上，并在点的右侧注记高程，对照实地勾绘地形。用电子全站仪代替经纬仪测绘地形图的方法，称为电子全站仪测绘法。其测绘步骤和计算、绘图过程与经纬仪测绘法类似。经纬仪测绘法测图操作简单、灵活，适用于各种类型的测区。以下所讲的是经纬仪测绘法在一个测站的测绘工序。

表 3-3　地形点最大间距和最大视距（城镇建筑区）

测图比例尺	地形点最大距离（m）	最大视距（m）	
		主要地物特征点	次要特征点和地形点
1∶500	15	50	70
1∶1 000	30	30	120
1∶2 000	50	120	200

3）经纬仪测绘法的步骤

（1）安置仪器和图板。如图 3-1 所示，观测员安置经纬仪于测站点（控制点）A 上，包括对中和整平。量取仪器高 i，测量竖盘指标差 x。记录员在“碎部测量记录手簿”中记录，包括表头的其他内容。绘图员在测站的同名点上安置量角器。

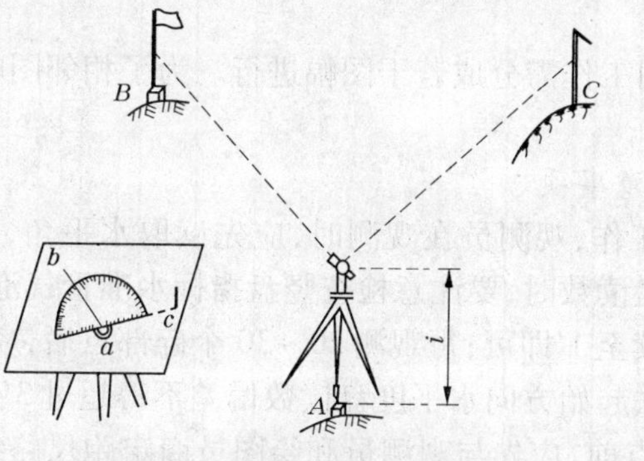

图 3-1　经纬仪测绘法的测站安置

（2）定向。照准另一控制点 B 作为后视方向，置水平度盘读数为 0°00′00″。绘图员在后视方向的同名方向上画一短直线，短直线过量角器的半径，作为量角器读数的起始方向线。

（3）立尺。司尺员依次将标尺立在地物、地貌特征点上。立尺前，司尺员应弄清实测范围和实地概略情况，选定立尺点，并与观测员、绘图员共同商定立尺路线。

（4）观测。观测员照准标尺，读取水平角 β、视距间隔 l、中丝读数 s 和竖盘读数 L。

（5）记录。记录员将读数依次记入手簿。有些手簿视距间隔栏为视距 K_l，由观测者直接读出视距值。对于有特殊作用的碎部点，如房角、山头、鞍部等，应在备注中加以说明。

（6）计算。记录员依据视距间隔 l、中丝读数 s、竖盘读数 L 和竖盘指标差 x、仪器高 i、测站高程 $H_{站}$，按视距测量公式计算平距和高程。

（7）展绘碎部点。绘图员转动量角器，将量角器上等于 β 角值（其碎部点为 114°00′）的刻划线对准起始方向线，如图 3-2 所示，此时量角器零刻划方向便是该碎部点的方向。根据图上距离 d，用量角器零刻划边所带的直尺定出碎部点的位置，用铅笔在图上点示，并在点的右侧注记高程。同时，应将有关地形点连接起来，并检查测点是否有错。

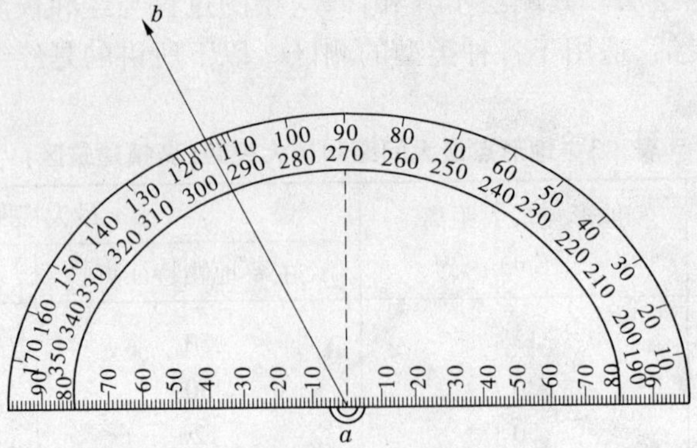

图 3-2　量角器展绘碎部点的方向

(8)测站检查。为了保证测图正确、顺利地进行,必须在工作开始时进行测站检查。检查方法是在新测站上测试已测过的地形点,检查重复点精度在限差内即可。否则应检查测站点是否展错。此外,在工作中间和结束前,观测员可利用时间间隙照准后视点进行归零检查,归零差不应大于4′。在每测站工作结束时进行检查,确认地物、地貌无错测或漏测时,方可迁站。

测区面积较大,测图工作需分成若干图幅进行。为了相邻图幅的拼接,每幅图应测出图廓外5 mm。

4)测图过程中的注意事项

(1)为方便绘图员工作,观测员在观测时,应先读取水平角,再读取视距尺的三丝读数和竖盘读数;在读取竖盘读数时,要注意检查竖盘指标水准管气泡是否居中;读数时,水平角估读至5′,竖盘读数估读至1′即可;每观测20~30个碎部点后,应重新瞄准起始方向检查其变化情况,经纬仪测绘法起始方向水平度盘读数偏差不得超过3′。

(2)立尺人员在跑点前,应先与观测员和绘图员商定跑尺路线;立尺时,应将标尺竖直,并随时观察立尺点周围情况,弄清碎部点之间的关系,地形复杂时还需绘出草图,以协助绘图人员做好绘图工作。

(3)绘图人员要注意图面正确、整洁,注记清晰,并做到随测点,随展绘,随检查。

(4)当每站工作结束后,应进行检查,在确认地物、地貌无错测或漏测时,方可迁站。

5)光电测距仪测绘法

光电测距仪测绘地形图与经纬仪测绘法基本相同,所不同的是用光电测距来代替经纬仪视距法。

先在测站上安置测距仪,量出仪器高;后视另一控制点进行定向,使水平度盘读数为0°00′00″。立尺员将测距仪的单棱镜装在专用测杆上,并读出棱镜标志中心在测杆上的高度 V,为计算方便,可使 $V=i$。立尺时将棱镜面向测距仪立于碎部点上。观测时,瞄准棱镜的标志中心,读出水平度盘读数 β,测出斜距 D',竖直角 α,并作记录。

将 α、D'输入计算器,计算平距 D 和碎部点高程 H(平距 $D=D'\cos\alpha$,高差 $h=D'\sin\alpha+i-V$)。然后,与经纬仪测绘法一样,将碎部点展绘于图上。

6)精度要求

在测绘碎部时,其精度要求如下:

(1)经纬仪对中误差小于等于 5 mm,归零差小于等于 4′。

(2)当竖直角超过 3°时,应进行水平距离改正,即

$$D = kl \cdot \cos^2\alpha = 100l \cdot \cos^2\alpha$$

(3)每一测站必须选择两个明显的地物点与上一站进行校对,若无明显地物,则应用重点法进行检核。误差范围:平距不可超过 0.6 mm,高程不可超过 3 cm。

(4)主要街道及建筑物应用经纬仪直接测绘,一般建筑物可用卷尺丈量标绘。应注意合理取舍,凡建筑物、构筑物轮廓凸凹部分在图上大于 0.5 mm 者,应按实测绘,反之,可用直线连出。

(5)地物按比例表示的,应实测外廓,填绘符号;不能按比例表示的,应准确表示其定位点或定位线。道路及其附属物,均应按实测绘;管线转角均应实测。线路密集时或居民区的低压电力线路和通信线路,可选择要点测绘;当管线直线部分的支架、线杆和附属设施密集时,可适当取舍;多种线路在同一杆时,表示主要的。

(6)地类界及地类界内的符号必须在野外填绘,以使图上地类符号位置与实地情况相符合。

河流宜按实际情况测绘,并应测注河堤顶部、坡脚及河底的高程。

(7)本地形图可采用平面图加高程注记,不勾绘等高线。地形图上高程点注记,应精确到 0.01 m;地形点间距为 15 m;视距长度为:地物点应小于等于 60 m,地形点应小于等于 100 m;地形图注记及地形点高程注记一律平写,字头朝北,文字注记一律自左至右或自上而下书写。

(8)地形图的拼接。地形图测完后,相邻图幅间要互相拼合,每幅图均有与邻幅拼接东、南边的责任。测图时,各图应测出图边外 5 mm,有地物者,应测出 10 mm。地形图拼接误差对主要地物小于 1.6 mm,次要地物小于 2.2 mm 时,可平均配赋。

(9)地形图检查。每幅图测图中及测完后,应组织自检,包括室内检查、巡视检查和设站检查,设站检查不得少于工作量的 10%,各组经严格自检合格以后,方可交指导老师检查验收。指导老师会同班委、组长进行分组检查验收。凡验收中统计大于有关规定的地物点误差比率超过 2% 检验点数者,为不合格,不予验收。

(10)地形图整饰。根据地形图图式规定符号,描绘出地物、地貌、控制点、坐标格网、图廓及内外注记。提供一幅完美的铅笔原图,要求图面整洁,铅线清晰,质量合格。

整饰顺序:擦去多余的线条、注记、符号—绘制内图廓及坐标格网交叉点(图廓线内长 5 mm,其余各顶点长 1 cm)—绘制控制点、各种注记—独立地物和居民地、道路、线路、地类界等(—等高线)—外图廓、图外注记。

(二)地形图应用

(1)每组在自己测出的地形图上,设计一幢民用建筑,并注出四周外墙轴线交点的设计坐标及一层室内地坪标高 ±0.000 的绝对高程。

(2)为测设该建筑的平面位置,需在图上平行于建筑物主轴线布设一条三点一字形的建筑基线,并图解出其中一点的坐标,推算出其余两点的坐标。

(3)在自绘的地形图上绘制纵断面图一张。

(4)在自绘的地形图上根据长方形 1、2、3、4 点所包围的范围,在考虑填、挖方量平衡的前提下(暂不考虑边坡),将其修建成水平场地,并概算其土方量。

(三)施工放样

1. 测设建筑基线

(1)根据基线 A、O、B 三点的设计坐标和控制点坐标,推算出测设工作所需的各个数据,并绘出测设草图。

(2)安置经纬仪于控制点上,根据选定的测设方法,将 A、O、B 三点标定于地面上。

(3)检查:平角 AOB 与 180°之差小于等于 24″,AO、BO 平距与设计值之差小于等于 1/10 000,否则应归化改正。

2. 测设民用建筑

(1)根据基线与建筑物定位元素的关系,用直角坐标法将该建筑物外围轴线的交点测设于地面上,并应计算出放样数据、绘制测设草图备查。(基础平面图见书后附图)

(2)检查:边长误差小于等于 1/5 000,角差小于等于 1′。

(3)细部轴线测设。

(4)放线与抄平:在轴线外 1 m 处测设龙门桩,在龙门桩上用水准仪测设室内地坪设计高程 ±0.000 位置,并将龙门桩钉在龙门桩上 ±0.000 处。

(5)检查室内地坪设计高程:在每个龙门板上立水准尺,用水准仪检查实际标高与 ±0.000误差应不超过 ±5 mm。

(6)投测轴线:用经纬仪将各轴线投测到龙门板上,并钉一个小钉子。

(7)用白灰撒出基槽开挖边界线。外墙宽 1 m,内墙宽 0.8 m。

(四)精密测量仪器见习

在作首级控制时,由技术组老师指导见习。主要仪器有:

(1)全站仪。

(2)GPS 全球定位接收仪(动态 RTK)。

(3)DS_1 级水准仪及自动安平水准仪。

(4)其他。

二、组织分工

本次测量实习任务较重,拟根据现有街道情况,将测图范围划分为任务量接近的若干区域,每小组分测一个区域,具体分区抽签决定。由于任务不可能平均,因此各班、组要互相支持、协作和配合。

各组内任务,应由组长统一安排,合理分工,互相协作。分配任务时,应使每项工作都由组员轮流担任,不应片面追求或偏废某项,以使每个人的基本技能都能全面提高。

三、实习报告的书写

每人书写一份实习报告,要求在实习期间编写,实习结束时上交。报告应反映学生在实习中所获得的各方面的知识。要求书写认真,力求完善。参考格式如下:

(1)封面:写实习名称、地点、起讫日期、专业、班级、组别、姓名、指导老师。

(2)目录。

(3)前言:说明实习目的、任务及要求等。

(4)内容:根据实习的项目、程序、方法、精度、计算成果及示意图,按实习的实际情况及发现问题和分析、处理问题的情况书写。

(5)结束语:写实习心得体会、意见、建议。

四、提交成果项目

(一)小组提交

(1)小组实习工作总结。

(2)导线测量手簿(包括控制网草图、水平角观测与量距记录)和内业计算成果表。

(3)水准测量记录表、水准点成果表等。

(4)地形图一张(铅笔原图)。

(5)应用地形图所作的民用建筑设计,以及为放样其平面、高程位置所设计的建筑基线和放样数据、草图。

(6)放样结果自查记录(指导老师检查、学生互查记录等)。

(7)地形图自查及精度评定报告(老师抽查、互查记录)。

(8)各组填写的“实习成绩分析记录表”。

(二)个人提交

实习报告一份,包括地形图应用中的纵断面图、场地平整测量设计草图、土石方工程量计算书等。

附录A　全站仪及其基本操作

一、概述

全站仪又称电子速测仪，是一种可以同时进行角度测量和距离测量，由机械、光学、电子元件组合而成的测量仪器。在测站上安置好仪器后，除照准需人工操作外，其余可以自动完成，而且几乎是在同一时间得到平距、高差和点的坐标。全站仪由电子测距仪、电子经纬仪和电子记录装置三部分组成。从结构上分，全站仪可分为组合式和整体式两种。组合式全站仪是用一些连接器将测距部分、电子经纬仪部分和电子记录装置部分连接成一组合体。它的优点是能通过不同的构件进行灵活多样的组合，当个别构件损坏时，可以用其他的构件代替，具有很强的灵活性。整体式全站仪是在一个仪器内装配测距、测角和电子记录装置三部分。测距和测角共用一个光学望远镜，方向和距离测量只需一次照准，使用十分方便。

全站仪的电子记录装置由存储器、微处理器、输入和输出部分组成。由微处理器对获取的斜距、水平角、竖直角、视准轴误差、指标差、棱镜常数、气温、气压等信息进行处理，可以获得各种改正后的数据。在只读存储器中固化了一些常用的测量程序，如坐标测量、导线测量、放样测量、后方交会等，只要进入相应的测量程序模式，输入已知数据，便可依据程序进行测量，获取观测数据，并解算出相应的测量结果。通过输入、输出设备，可以与计算机交互通信，将测量数据直接传输给计算机，在软件的支持下，进行计算、编辑和绘图。测量作业所需要的已知数据也可以从计算机输入全站仪，可以实现整个测量作业的高度自动化。

全站仪的应用可归纳为四个方面：一是在地形测量中，可将控制测量和碎步测量同时进行；二是可用于施工放样测量，将设计好的管线、道路、工程建设中的建筑物、构筑物等的位置按图纸设计数据测设到地面上；三是可用全站仪进行导线测量、前方交会、后方交会等，不但操作简便，而且速度快、精度高；四是通过数据输入/输出接口设备，将全站仪与计算机、绘图仪连接在一起，形成一套完整的测绘系统，从而大大提高测绘工作的质量和效率。

二、全站仪的基本结构及功能

全站仪的种类很多，目前常用的全站仪主要有瑞士徕卡（Leica）的TPS系列，日本索佳（Sokkia）的SET系列、拓扑康（Topcon）公司的GTS系列、尼康（Nikon）公司的DTM系列，以及我国国产的全站仪，如南方、博飞等型号。各种型号仪器的基本结构大致相同，工作原理也基本相同。现以南方测绘仪器公司生产的NTS－352系列全站仪为例进行介绍。图A-1标示出了仪器各个部件的名称。

（一）仪器部件的名称

南方测绘NTS－352型全站仪部件的名称见图A-1。

（二）显示屏和操作键

显示屏上的各操作键如图A-2所示，具体名称及功能说明如表A-1所示，各显示符号及其功能说明如表A-2所示。

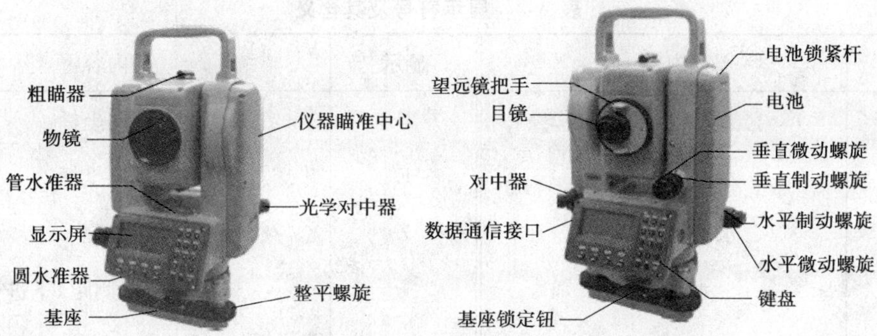

图 A-1　南方测绘 NTS－352 型全站仪

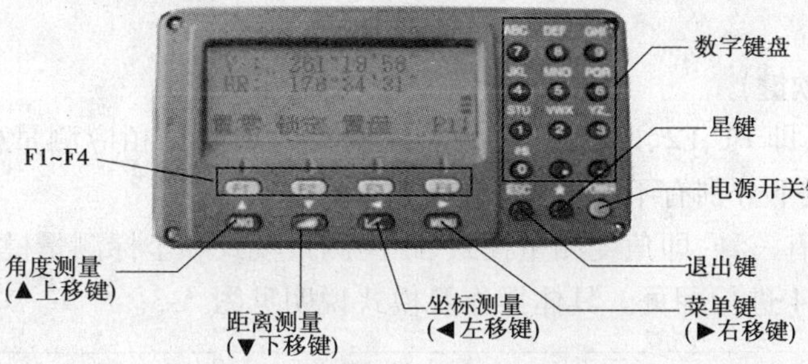

图 A-2　南方测绘 NTS－352 型全站仪键盘

表 A-1　操作键名称及功能说明

键	名称	功能
★	星键	星键模式用于如下项目的设置或显示：(1)显示屏对比度；(2)十字丝照明；(3)背景光；(4)倾斜改正；(5)定线点提示器(仅适用于有定线点指示器类型)；(6)设置音响模式
[坐标测量键图标]	坐标测量键	坐标测量模式
[距离测量键图标]	距离测量键	距离测量模式
ANG	角度测量键	角度测量模式
POWER	电源键	电源开关
MENU	菜单键	在菜单模式和正常模式之间切换，在菜单模式下可设置应用测量与照明调节、仪器系统误差改正
ESC	退出键	• 返回测量模式或上一层模式 • 从正常测量模式直接进入数据采集模式或放样模式 • 也可用作正常测量模式下的记录键
ENT	确认输入键	在输入值末尾按此键
F1 ~ F4	软键(功能键)	对应于显示的软键功能信息

表 A-2　显示符号及其含义

显示	内容	显示	内容
V%	竖直角(坡度显示)	N	北向坐标
HR	水平角(右角)	E	东向坐标
HL	水平角(左角)	Z	高程
HD	水平距离	*	EDM(电子测距)下进行
VD	高差	m	以 m 为单位
SD	倾斜	f	以英尺(ft)/英尺与英寸(in)为单位

(三)功能键(软键)

软键共有四个,即 F1、F2、F3、F4 键,每个软键盘的功能见相应测量模式的相应显示信息,在各种测量模式下分别有不同的功能。

标准测量模式有三种,即角度测量模式、距离测量模式和坐标测量模式。各测量模式又有若干页,可以用 F4 进行翻页。具体操作及模式说明见图 A-3。

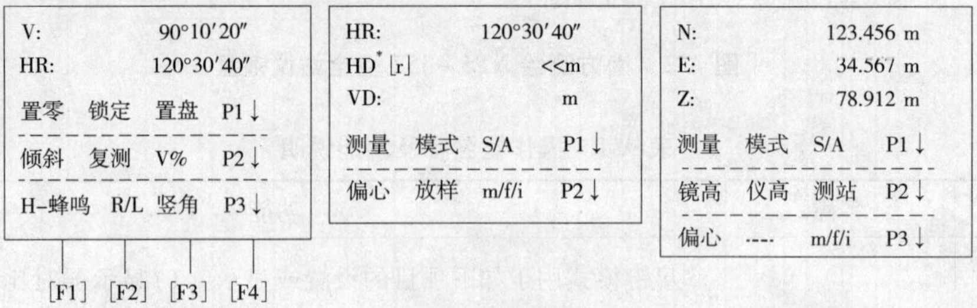

(a)角度测量模式　(b)距离测量模式　(c)坐标测量模式

图 A-3　标准测量模式

(四)反射棱镜

可根据需要选用各种棱镜框、棱镜、标杆连接器、三角基座连接器以及三角基座等组件,并可根据测量的需要进行组合,形成满足各种距离测量所需的棱镜组合。

不同的棱镜数量测程不同,棱镜数越多,测程越大。但全站仪的测程是有限的,所以棱镜数应根据全站仪的测程和所测距离来选择。

单棱镜、三棱镜等在使用时一般安置在三脚架上,用于控制测量。在放样测量和精度要求不高的测量中,采用测杆棱镜是十分便利的。

三、全站仪的操作

(一)仪器的安置

将仪器安置在三脚架上,精确对中和整平,其具体操作方法与光学经纬仪的安置相同。一般采用光学对中器完成对中;利用长管水准器精平仪器。

(二)仪器的开机

首先确认仪器已经整平,然后打开电源开关(POWER 键),仪器开机后应确认棱镜常数(PSM)和大气改正值(PPM)并可调节显示屏。然后根据需要进行各项测量工作。

(三)角度测量

1. 水平角(右角)和竖直角测量

将仪器调为角度测量模式,具体操作如图 A-4 所示。

操作过程	操作	显示
①照准第一个目标 *A*	照准 *A*	V: 90°10′20″ HR: 120°30′40″ 置零 锁定 置盘 P1↓
②设置目标 *A* 水平角为 0°00′00″,按[F1](置零)键和[是]键	[F1]	水平角置零 >OK? --- ---- [是] [否]
	[F3]	V: 90°10′20″ HR: 0°00′00″ 置零 锁定 置盘 P1↓
③照准第二个目标 *B*,显示目标 *B* 的 V/H	照准 B	V: 96°48′24″ HR: 153°29′21″ 置零 锁定 置盘 P1↓

图 A-4 角度测量模式

2. 水平角(右角/左角)的切换

将仪器调为角度测量模式,根据提示进行水平角(右角/左角)的切换。

3. 水平角的设置方法

(1)通过锁定角度值进行设置。将仪器调节为角度测量模式,通过键盘输入锁定角度值。

(2)通过键盘输入进行设置。将仪器调为角度测量模式,可以锁定水平角角度值。

4. 竖直角百分度(%)模式

将仪器调为角度测量模式,按以下操作进行。

按[F4](↓)键转到显示屏第二页。

按[F3](%)键。显示屏即显示 V%,进入竖直角百分度(%)模式。

(四)距离测量

1. 大气改正的设置

在一般常规测量中,大气测量改正可以省略。

2. 棱镜常数的设置

拓普康的棱镜常数为 0,设置棱镜改正为 0。若使用其他厂家生产的棱镜,则使用之前应先设置一个相应的常数,即使电源关闭,所设置的值也仍将被保存在仪器中。

3. 距离测量(连续测量)

将仪器调为角度测量模式,然后按4中所述步骤进行操作。

4. 距离测量(N次测量/单次测量)

当输入测量次数后,NTS－352系列就将按设置的次数进行测量,并显示出距离平均值。当输入测量次数为1时,因为是单次测量,仪器不显示距离平均值,该仪器出厂时已经被设置为单次测量。首先将仪器调为角度测量模式,然后按图A-5所示操作步骤进行。

操作过程	操作	显示
①照准棱镜中心	照准	V: 90°10′20″ HR: 120°30′40″ 置零 锁定 置盘 P1↓
②按距离测量键,距离测量开始	[◢]	HR: 120°30′40″ HD*[r] <<m VD: m 测量 模式 S/A P1↓
显示测量的距离		HR: 120°30′40″ HD* 123.456 m VD: 5.678 m 测量 模式 S/A P1↓
③再次按[◢]键,显示变为水平角(HR)、竖直角(V)和斜距(SD)	[◢]	V: 90°10′20″ HR: 120°30′40″ SD: 131.678 m 测量 模式 S/A P1↓

图A-5 距离测量模式

5. 精测模式/跟踪模式/粗测模式

精测模式:这是正常的测距模式,最小显示单位为0.2 mm或1 mm,其测量时间为0.2 mm模式下大约2.8 s,1 mm模式下大约为1.2 s。

跟踪模式:此模式观测时间要比精测模式短,最小显示单位为10 mm,测量时间约为0.4 s。

粗测模式:该模式观测时间比精测模式短,最小显示单位为10 mm或1 mm,测量时间约为0.7 s。

(五)放样测量

该功能可显示出测量的距离与输入的放样距离之差。测量距离－放样距离＝显示值,其操作步骤如图A-6所示,操作时注意以下两点:

(1)放样时可选择平距(HD)、高差(VD)和斜距(SD)中的任意一种放样模式。

(2)若要返回到正常的距离测量模式,可设置放样距离为0 m或关闭电源。

(六)坐标测量

通过输入仪器高和棱镜高后进行坐标测量时,可直接测定未知点的坐标。具体步骤如下。

(1)设置测站点的坐标值。如图 A-7 所示。

(2)设置仪器高和目标高。如图 A-8 和图 A-9 所示。

操作过程	操作	显示
①在距离测量模式下按[F4](↓)键,键入第 2 页	[F4]	HR: 120°30′40″ HD* 123.456 m VD: 5.678 m 测量 模式 S/A P1↓ 偏心 放样 m/f/i P2↓
②按[F2](放样)键,显示出上次设置的数据	[F2]	放样 HD 0.000 m 平距 高差 斜距 -----
③通过按[F1]~[F3]键选择测量模式,例:水平距离	[F1]	放样 HD 0.000 m 输入 ----- ----- 回车 1234 5678 90.- [ENT]
④输入放样距离	[F1] 输入距离 [F4]	放样 HD: 100.000 m 输入 ----- ----- 回车
⑤照准目标(棱镜)测量开始。显示出测量距离与放样距离之差	照准 *P*	HR: 120°30′40″ dHD*[r] <<m VD: m 测量 模式 S/A P1↓
⑥移动目标棱镜,直至距离等于 0 m 为止		HR: 120°30′40″ dHD*[r] 123.456 m VD: 5.678 m 测量 模式 S/A P1↓

图 A-6 放样测量操作方法

(3)计算未知点的坐标并显示计算结果。测站点坐标为(N_0,E_0,Z_0),仪器高为 i,棱镜高为 V,高差为 z(VD),相对于仪器中心点的棱镜中心坐标为(n,e,z),见图 A-10。

未知点坐标为(N_1,E_1,Z_1),其中 $N_1=N_0+n$,$E_1=E_0+e$,$Z_1=Z_0+i+z-V$。

(4)在测站点的坐标未输入的情况下,缺省的测站点坐标为(0,0,0)。

(5)当仪器高未输入时,以 0 计算;当棱镜高未输入时,以 0 计算。

用全站仪测量时,具体操作步骤如图 A-11 所示。

(七)全站仪的其他功能

南方 NTS－352 型全站仪除以上基本功能外,还有数据采集、悬高测量、对边测量、设置测站点 Z 坐标、面积计算、点到直线的测量、角度偏心测量、距离偏心测量、平面偏心测量、圆柱偏心测量等多种常见测量功能。在具体实施时可参考仪器使用说明书。

操作过程	操作	显示
①在坐标测量模式下按[F4](↓)键,进入第 2 页功能	[F4]	N: 123.456 m E: 34.567 m Z: 78.912 m 测量 模式 S/A P1↓ 镜高 仪高 测站 P2↓
②按[F3](测站)键	[F3]	N: 0.000 m E: 0.000 m Z: 0.000 m 输入 ----- ----- 回车 1234 5678 90.- [ENT]
③输入 N 坐标	[F1] 输入坐标 [F4]	N: 51.456 m E: 0.000 m Z: 0.000 m 输入 ----- ----- 回车
④按同样的方式输入 E 和 Z 坐标。输入数据后,显示返回坐标测量模式		N: 51.456 m E: 34.567 m Z: 78.912 m 测量 模式 S/A P1↓

图 A-7 设置测站点坐标的方法

操作过程	操作	显示
①在坐标测量模式下按[F4](↓)键,进入第 2 页功能	[F4]	N: 123.456 m E: 34.567 m Z: 78.912 m 测量 模式 S/A P1↓ 镜高 仪高 测站 P2↓
②按[F2](仪高)键,显示当前值	[F3]	N: 51.456 m E: 34.567 m Z: 78.912 m 测量 模式 S/A P1↓
③输入仪器高	[F1] 输入 仪器高 [F4]	仪器高 输入 仪高 0.000 m 输入 ----- ----- 回车 1234 5678 90.- [ENT]

图 A-8 设置仪器高的方法

操作过程	操作	显示
①在坐标测量模式下按［F4］（↓）键，进入第 2 页功能	［F4］	N: 123.456 m E: 34.567 m Z: 78.912 m 测量 模式 S/A P1↓ 镜高 仪高 测站 P2↓
②按［F1］（镜高）键，显示当前值	［F3］	N: 51.456 m E: 34.567 m Z: 78.912 m 测量 模式 S/A P1↓
③输入棱镜高	［F1］ 输入 棱镜高 ［F4］	棱镜高 输入 镜高: 0.000 m 输入 --- ----- 回车 1234 5678 90.- ［ENT］

图 A-9 设置目标高的方法

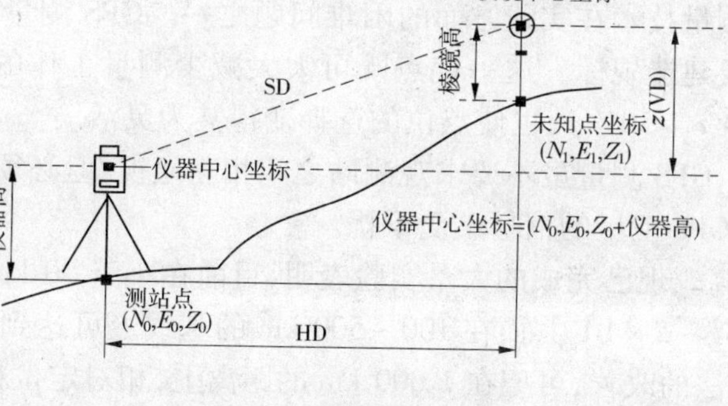

图 A-10 坐标测量示意图

操作过程	操作	显示
①设置已知点 A 的方向角	设置 方向角	V: 90°10′20″ HR: 120°30′40″ 置零 锁定 置盘 P1↓
②照准目标 B ③按 F1 键，开始测量	F1	N: <<m E: m Z: m 测量 模式 S/A P1↓
④显示结果		N: 123.456 m E: 34.567 m Z: 78.912 m 测量 模式 S/A P1↓

图 A-11 全站仪进行坐标测量的过程

附录 B　GPS 定位系统及其基本操作

GPS(Global Positioning System)即全球定位系统,是由美国建立的一个卫星导航定位系统,利用该系统,用户可以在全球范围内实现全天候、连续、实时的三维导航定位和测速;另外,利用该系统,用户还能够进行高精度的时间传递和高精度的精密定位。随着 GPS 定位技术的发展,其广泛应用于民用领域。在测量工作方面,GPS 定位技术在大地测量、工程测量、工程与地壳变形监测、地籍测量、航空摄影测量和海洋测量等各个领域的应用已甚为普及。正因为在军事和民用领域定位技术上发挥的巨大作用,GPS 系统被视为 20 世纪最重大的科技成就之一。

一、GPS 系统的特点

相对于经典的测量技术来说,这一新技术的主要特点如下:

(1)观测站之间无须通视。既要保持良好的通视条件,又要保障测量控制网的良好结构,这一直是经典测量技术在实践方面的困难问题之一。GPS 测量不要求观测站之间相互通视,因而不再需要建造觇标。这一优点既可大大减少测量工作的经费和时间(一般造标费用占总经费的 30% ~50%),也使点位的选择变得甚为灵活。

不过也应指出,GPS 测量虽不要求观测站之间相互通视,但必须保持观测站的上空开阔(净空),以使接收 GPS 卫星的信号不受干扰。

(2)定位精度高。现已完成的大量实验表明,目前在小于 50 km 的基线上,其相对定位精度可达到 $1\times10^{-6}\sim2\times10^{-6}$,而在 100 ~500 km 的基线上可达到 $10^{-6}\sim10^{-7}$。随着光测技术与数据处理方法的改善,可望在 1 000 km 的距离上,相对定位精度达到或优于 10^{-8}。

(3)观测时间短。目前,利用经典的静态定位方法完成一条基线的相对定位所需要的观测时间,根据要求的精度不同,一般为 1 ~3 h。为了进一步缩短观测时间,提高作业速度,近年来发展的短基线(例如不超过 20 km)快速相对定位法,其观测时间仅需数分钟。

(4)提供三维坐标。GPS 测量在精确测定观测站平面位置的同时,可以精确测定观测站的大地高程。GPS 测量的这一特点,不仅为研究大地水准面的形状和确定地面点的高程开辟了新途径,也为其在航空物探、航空摄影测量及精密导航中的应用提供了重要的高程数据。

(5)操作简便。GPS 测量的自动化程度很高,在观测中测量员的主要任务只是安装并开关仪器、量取仪器高、监控仪器的工作状态和采集环境的气象数据,而其他观测工作,如卫星的捕获、跟踪观测和记录等均由仪器自动完成。另外,GPS 用户接收机一般质量较轻、体积较小,例如南方的 S－80 双频 GPS 接收机,质量约为 1.25 kg,体积为 3 500 cm^3,所以携带和搬运都很方便。

(6)全天候作业。GPS 观测工作可以在任何地点、任何时间连续地进行,一般也不受天气状况的影响。所以,GPS 定位技术的发展对经典的测量技术是一次重大的突破。一方面,它使经典的测量理论与方法产生了深刻的变革;另一方面,也进一步加强了测量学与其他学科之间的相互渗透,从而促进测绘科学技术的发展。

二、GPS 系统的构成

全球定位系统(GPS)由三大部分组成,即空间部分、控制部分和用户部分,如图 B-1 所示

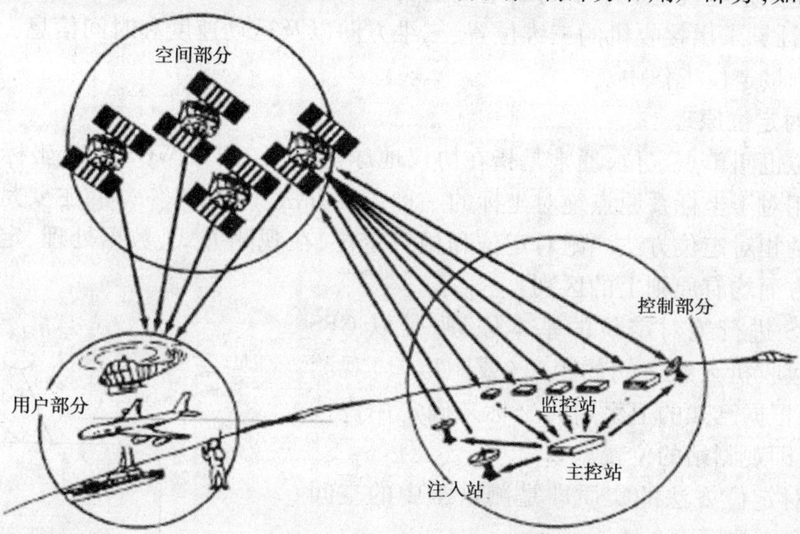

图 B-1　全球定位系统(GPS)构成示意图

(一)空间部分

GPS 的空间部分由 24 颗 GPS 工作卫星组成,这些 GPS 工作卫星共同组成了 GPS 卫星星座,其中 21 颗为可用于导航的卫星,3 颗为活动的备用卫星。这 24 颗卫星分布在 6 个倾角为 55°的轨道上绕地球运行。卫星的运行周期约为 12 恒星时。每颗 GPS 工作卫星都发出用于导航定位的信号。GPS 用户正是利用这些信号来进行工作的。

(二)控制部分

GPS 的控制部分由分布在全球的由若干个跟踪站所组成的监控系统构成,根据其作用的不同,这些跟踪站又被分为主控站、监控站和注入站。主控站有一个,位于美国克罗拉多(Colorado)的法尔孔(Falcon)空军基地,它的作用是根据各监控站对 GPS 的观测数据,计算出卫星的星历和卫星钟的改正参数等,并将这些数据通过注入站注入到卫星中去;同时,它还对卫星进行控制,向卫星发布指令,当工作卫星出现故障时,调度备用卫星,替代失效的工作卫星工作;另外,主控站也具有监控站的功能。监控站有 5 个,除主控站外,其他四个分别位于夏威夷(Hawaii)、阿松森群岛(Ascencion)、迭哥伽西亚(Diego Garcia)、卡瓦加兰(Kwajalein),监控站的作用是接收卫星信号,监测卫星的工作状态;注入站有 3 个,它们分别位于阿松森群岛(Ascencion)、迭哥伽西亚(Diego Garcia)、卡瓦加兰(Kwajalein),注入站的作用是将主控站计算出的卫星星历和卫星钟的改正数等注入到卫星中去。

(三)用户部分

GPS 的用户部分由 GPS 接收机、数据处理软件及相应的用户设备如计算机气象仪器等组成。它的作用是接收 GPS 卫星所发出的信号,利用这些信号进行导航定位等工作。

目前,国际、国内适用于测量的 GPS 接收机产品众多,更新更快,许多测量单位也拥有了一些不同型号的 GPS 接收机。

三、GPS 的定位原理

GPS 的定位原理就是卫星不间断地发送自身的星历参数和时间信息,用户接收到这些信息后,经过计算求出接收机的三维位置、三维方向以及运动速度和时间信息。它广泛地应用于导航和测量定位工作中。

(一)绝对定位原理

绝对定位也叫单点定位,通常是指在协议地球坐标系(例如 WGS-84 坐标系)中,直接确定观测站相对于坐标系原点绝对坐标的一种定位方法。“绝对”一词,主要是为了区别以后将要介绍的相对定位方法。绝对定位和相对定位,在观测方式、数据处理、定位精度以及应用范围等方面均有原则上的区别。

利用 GPS 进行绝对定位的基本原理,是以 GPS 卫星和用户接收机天线之间的距离(或距离差)观测量为基础,并根据已知的卫星瞬时坐标来确定用户接收机的点位,即观测站的位置。

GPS 绝对定位方法的实质即是测量学中的空间距离后方交会。如图 B-2 所示。

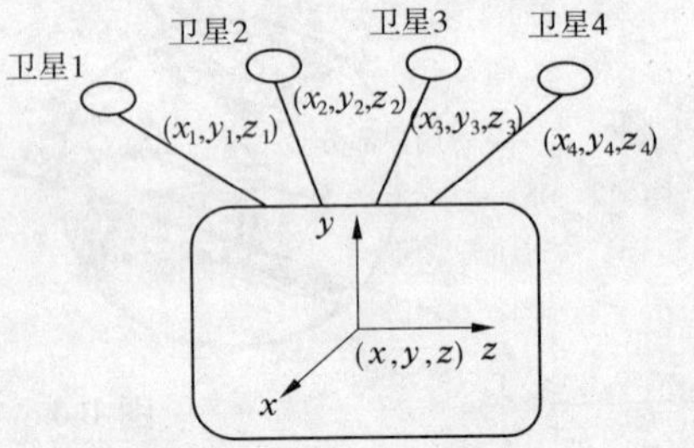

图 B-2　单点定位原理示意图

在 1 个观测站上,有 4 个独立的卫星距离观测量。假设 t 时刻在地面待测点上安置 GPS 接收机,可以测定 GPS 信号到达接收机的时间 Δt,再加上接收机接收到的卫星星历等其他数据,可以确定以下四个方程式:

$$\sqrt{[(x_1-x)^2+(y_1-y)^2+(z_1-z)^2]}+c(V_{t1}-V_{t0})=d_1$$
$$\sqrt{[(x_2-x)^2+(y_2-y)^2+(z_2-z)^2]}+c(V_{t2}-V_{t0})=d_2$$
$$\sqrt{[(x_3-x)^2+(y_3-y)^2+(z_3-z)^2]}+c(V_{t3}-V_{t0})=d_3$$
$$\sqrt{[(x_4-x)^2+(y_4-y)^2+(z_4-z)^2]}+c(V_{t4}-V_{t0})=d_4$$

上述四个方程式中,x、y、z 为待测点坐标,V_{t0} 为接收机的钟差,为未知参数,其中 $d_i=c\Delta t_i(i=1、2、3、4)$,$d_i$ 为卫星 i 到接收机之间的距离,Δt_i 为卫星 i 的信号到达接收机所经历的时间,x_i、y_i、z_i 为卫星 i 在 t 时刻的空间直角坐标,V_{ti} 为卫星钟的钟差,c 为光速。

由以上四个方程即可解算出待测点的坐标 (x,y,z) 和接收机的钟差 V_{t0}。

应用 GPS 进行绝对定位,根据用户接收机天线所处的状态不同,又可分为动态绝对定位和静态绝对定位。

当用户接收设备安置在运动的载体上,并处于动态的情况下,确定载体瞬时绝对位置的定位方法,称为动态绝对定位。动态绝对定位,一般只能得到没有(或很少)多余观测量的实时解。这种定位方法被广泛地应用于飞机、船舶以及陆地车辆等运动载体的导航。另外,在航空物探和卫星遥感中也有着广泛的应用。

在接收机天线处于静止状态的情况下,用以确定观测站绝对坐标的方法,称为静态绝对定位。这时,由于可以连续观测卫星到接收机位置的伪距,可以获得充分的多余观测量,以便在测后,通过数据处理提高定位的精度。静态绝对定位法主要用于大地测量,以精确测定观测站在协议地球坐标系中的绝对位置。

目前，无论是动态绝对定位还是静态绝对定位，所依据的观测量都是所测卫星至观测站的伪距，所以相对的定位方法通常也称伪距定位法。

因为根据观测量的性质不同，伪距有测码伪距和测相伪距之分，所以绝对定位又可分为测码绝对定位和测相绝对定位。

（二）相对定位原理

利用 GPS 进行绝对定位（或单点定位）时，其定位精度将受到卫星轨道误差、钟差及信号传播误差等诸多因素的影响，尽管其中一些系统性误差可以通过模型加以削弱，但其残差仍是不可忽略的。实践表明，目前静态绝对定位的精度约可达米级，而动态绝对定位的精度仅为 10 ~ 40 m。这一精度远不能满足大地测量精密定位的要求。

GPS 相对定位也叫差分 GPS 定位，是目前 GPS 定位中精度最高的一种，广泛用于大地测量、精密工程测量、地球动力学研究和精密导航。

相对定位的最基本情况，是两台 GPS 接收机分别安置在基线的两端，并同步观测相同的 GPS 卫星，以确定基线端点在协议地球坐标系中的相对位置或基线向量。这种方法一般可以推广到多台接收机安置在若干基线的端点，通过同步观测 GPS 卫星，以确定多条基线向量的情况。

因为在两个观测站或多个观测站同步观测相同卫星的情况下，卫星的轨道误差、卫星钟差、接收机钟差以及电离层和对流层的折射误差等对观测量的影响具有一定的相关性，所以利用这些观测量的不同组合进行相对定位，便可有效地消除或者减弱上述误差的影响，从而提高相对定位的精度。

根据用户接收机在定位过程中所处的状态不同，相对定位有静态和动态之分。

1. 静态相对定位

安置在基线端点的接收机固定不动，通过连续观测取得充分的多余观测数据，改善定位精度。

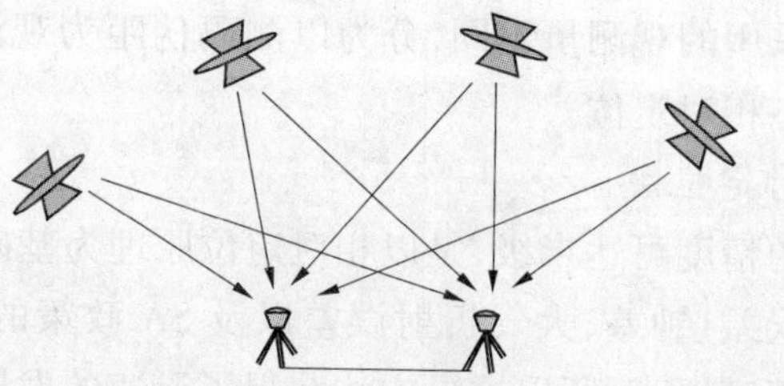

图 B-3　相对定位原理示意图

静态相对定位，一般采用载波相位观测值（或测相伪距）为基本观测量。这一定位方法是当前 GPS 定位中精度最高的一种方法，在精度要求较高的测量工作中，均采用这种方法。在载波相位观测的数据处理中，为了可靠地确定载波相位的整周未知数，静态相对定位一般需要较长的观测时间（1 ~ 3 h 不等），此种方法一般也被称为经典静态相对定位法。

在高精度静态相对定位中，当仅有两台接收机时，一般应考虑将单独测定的基线向量联结成向量网（三角网或导线网），以增强几何强度，改善定位精度。当有多台接收机时，应采用网定位方式，可检核和控制多种误差对观测量的影响，明显提高定位精度。

此类测量方法的代表为南方测绘的静态 GPS 接收机 9600 北极星，平面测量精度为 ±5

mm + 1×10^{-6},高程测量精度为 ±10 mm + 2×10^{-6},一般同步测量时间为 45 min。

2. 准动态相对定位法

1985 年美国的里蒙迪(B. W. Remondi)发展了一种快速相对定位模式,其基本思想是:利用起始基线向量确定初始整周未知数或称初始化,之后,一台接收机在参考点(基准站)上固定不动,并对所有可见卫星进行连续观测;而另一台接收机在其周围的观测站上流动,并在每一流动站上静止进行观测,确定流动站与基准站之间的相对位置。通常称为准动态相对定位,在一些文献中称走走停停(Stop and Go)定位法。

准动态相对定位的主要缺点:接收机在移动过程中必须保持对观测卫星的连续跟踪。

此类测量方法的代表为南方测绘的 9200 后差分系统。作用距离:100 km;定位精度:中误差 <1 m。

9200 后差分系统的主要应用范围:

(1)国土资源部地籍处:土地权属调查。

(2)国土资源部地矿处:地矿资源调查。

(3)水利部门:水域区域调查。

(4)农场:土地面积调查。

(5)交通部:各种管线普查。

(6)林业部门:林业资源调查。

(7)海洋管理部门:海洋资源调查。

(8)大规模小比例尺电子地图的绘制。

3. 动态相对定位

用一台接收机安置在基准站上固定不动,另一台接收机安置在运动载体上,两台接收机同步观测相同卫星,以确定运动点相对基准站的实时位置。

动态相对定位根据采用的观测量不同,分为以测码伪距为观测量的动态相对定位和以测相伪距为观测量的动态相对定位。

1)测码伪距动态相对定位法

目前进行实时定位的精度可达米级,是以相对定位原理为基础的实时差分 GPS,由于可以有效地减弱卫星轨道误差、钟差、大气折射误差以及 SA 政策的影响,其定位精度远较测码伪距动态绝对定位的精度要高,所以这一方法获得了迅速的发展。

此类测量方法的代表为南方测绘的 9700 海王星测量系统。9300 信标机平面精度:1 ~ 3 m;作用距离:50 km。

2)测相伪距动态相对定位法

测相伪距动态相对定位法,是以预先初始化或动态解算载波相位整周未知数为基础的一种高精度动态相对定位法。目前在较小的范围内(距离 <20 km)获得了成功的应用,其定位精度可达 1 ~ 2 cm。流动站和基准站之间必须实时地传输观测数据或观测量的修正数据。这种处理方式对于运动目标的导航监测和管理具有重要意义。

此类 GPS 测量方法的代表为南方测绘的灵锐 S80RTK 测量系统。平面测量测量精度:±2 cm + 1×10^{-6};高程测量精度:±5 cm + 1×10^{-6}。

四、GPS 测量实施

GPS 测量工作与经典大地测量工作相类似,按其性质可分为外业和内业两大部分。其中:外业工作主要包括选点(即观测站址的选择)、建立观测标志、野外观测作业以及成果质量检核等;内业工作主要包括 GPS 测量的技术设计、测后数据处理以及技术总结等。如果按照 GPS 测量实施的工作程序,则大体可分为这样几个阶段:技术设计、选点与建立标志、外业观测、成果检核与处理。

GPS 测量是一项技术复杂、要求严格、耗费较大的工作,对这项工作总的原则是,在满足用户要求的情况下,尽可能地减少经费、时间和人力的消耗。因此,对其各阶段的工作都要精心设计和实施。

为了满足用户的要求,GPS 测量作业应遵守统一的规范和细则,在这里我们将以这些规范作为参考,主要介绍一下有关 GPS 测量作业的基本方法和原则。

考虑到以载波相位观测量为根据的相对定位方法,是目前 GPS 测量中普遍采用的精密定位方法,所以下面介绍实施这种高精度 GPS 测量工作的基本程序与作业模式。

(一)GPS 网的技术设计

GPS 网的技术设计是 GPS 测量工作实施的第一步,是一项基础性工作。这项工作应根据网的用途和用户的要求来进行,其主要内容包括精度指标的确定、网的图形设计和网的基准设计。

对 GPS 网的精度要求主要取决于网的用途。精度指标通常均以网中相邻点之间的距离误差来表示,其形式为

$$m_R = \delta_D + pp \times D$$

其中,m_R 为网中相邻点间的距离误差,mm;δ_D 为与接收设备有关的常量误差,mm;pp 为比例误差,$\times 10^{-6}$;D 为相邻点间的距离,km。

根据 GPS 网的不同用途,其精度可划分为如表 B-1 所列的五类标准。

表 B-1　不同级别 GPS 网的精度标准

类别	测量类型	常量误差 δ_D(mm)	比例误差 pp($\times 10^{-6}$)
A	地壳形变测量或国家精度 GPS 网	≤5	≤0.1
B	国家基本控制测量	≤8	≤1
C	控制网加密,城市测量,工程测量	≤10	≤5
D	控制网加密,城市测量,工程测量	≤10	≤10
E	控制网加密,城市测量,工程测量	≤10	≤20

在 GPS 网总体设计中,精度指标是比较重要的参数,它的数值将直接影响 GPS 网的布设方案、观测数据的处理以及作业的时间和经费。在实际设计工作中,用户可根据所作控制的实际需要和可能,合理地制定。既不能制定过低而影响网的精度,也不必盲目追求过高的

精度造成不必要的支出。

(二)选点与埋石

由于 GPS 测量观测站之间无需相互通视,而且网的图形结构也比较灵活,所以选点工作远较经典控制测量的选点工作简便。但由于点位的选择对于保证观测工作的顺利进行和可靠地保证测量成果精度具有重要意义,所以在选点工作开始之前,应充分收集和了解有关测区的地理情况以及原有测量标志点的分布与保持情况,以便确定适宜的观测站位置。选点工作通常应遵守的原则是:

(1)观测站(即接收天线安置点)应远离大功率的无线电发射台和高压输电线,以避免其周围磁场对 GPS 卫星信号的干扰。接收机天线与其距离一般不得小于 200 m。

(2)观测站附近不应有大面积的水域或对电磁波反射(或吸收)强烈的物体,以减弱多路径效应的影响。

(3)观测站应设在易于安置接收设备的地方,且视野开阔。在视场内周围障碍物的高度角,一般应小于 10°~15°。

(4)观测站应选在交通方便的地方,并且便于用其他测量手段联测和扩展。

(5)对于基线较长的 GPS 网,还应考虑观测站附近具有良好的通信设施(电话与电报、邮电)和电力供应,以供观测站之间的联络和设备用电。

(6)点位选定后(包括方位点),均应按规定绘制点位注记,其主要内容应包括点位及点位略图、点位的交通情况以及选点情况等。

注:用户如果在树木等对电磁波传播影响较大的物体下设观测站,当接收机工作时,接收的卫星信号将产生畸变,这样即使采集时各项指标都较好,但结果将是不可靠的。

建议用户根据需要在 GPS 点大约 300 m 附近建立与其通视的方位点,以便在必要时采用常规经典的测量方法进行联测。

点位选好后,在对点位进行编号时必须注意点位编号的合理性,在野外采集时输入的观测站名由四个任意输入的字符组成,为了在测后处理时方便及准确,必须不使点号重复。建议用户在编号时尽量采用数字按顺序编号。

在 GPS 测量中,网点一般应设置在具有中心标志的标石上,以精确标志点位。具体标石的设置可参照有关规范,对于一般的控制网,只需要采用普通的标石,或在岩层、建筑物上做标志。

(三)GPS 测量的观测工作

观测工作的内容主要包括贯彻计划拟定、仪器的选择与检核和观测工作的实施等,作业流程如图 B-4 所示。

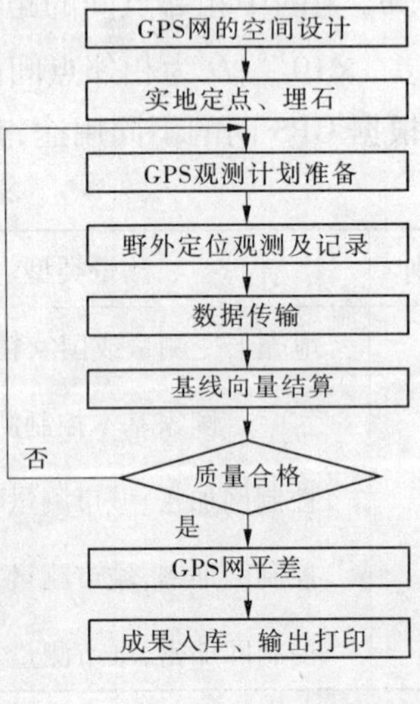

图 B-4　GPS 外业测量的作业流程

在施测前,一般应根据网的布设方案、规模的大小、精度要求、GPS 卫星星座、参与作业的 GPS 数量以及后勤保障条件(交通、通信)等,制订观测计划。表 B-2 是规范中给出的各级 GPS 测量基本技术要求。

表 B-2　各级 GPS 测量基本技术要求规范

级别	项目				
	A	B	C	D	E
卫星截止高度角(°)	10	15	15	15	15
同时观测有效卫星数	≥4	≥4	≥4	≥4	≥4
有效观测卫星总数	≥20	≥9	≥6	≥4	≥4
观测时段数	≥6	≥4	≥2	≥1.6	≥1.6
基线平均距离(km)	300	70	10 ~ 15	5 ~ 10	0.2 ~ 5
时段长度(min)	≥540	≥240	≥60	≥45	≥40

五、GPS 定位系统在建筑工程测量中的应用

(一)在建筑工程控制测量中的应用

由于 GPS 测量能精密确定 WGS－84 三维坐标,所以能用来建立平面和高程控制网,在基本控制测量中的应用是:建立新的地面控制网点、检核和改善已有地面网、对已有的地面网进行加密等。在大型工程,如在大型公用建筑工程、铁路、公路、地铁、隧道、水利枢纽、精密安装等工程中有着重要的作用。

(二)在工程变形监测中的应用

工程变形包括建筑物的位移和由于气象等外界因素而造成的建筑物变形或地壳的变形。由于 GPS 具有三维定位能力,可以成为工程变形监测的重要手段,它可以监测大型建筑物变形、大坝变形、城市地面及资源开发区地面的沉降、滑坡、山崩;还能监测地壳变形,为地震预报提供数据。

(三)在建筑施工中的作用

在建筑施工中,GPS 系统用来进行建筑施工的定位检测。如上海已建成的八万人体育场的定位测量,北京国家体育场鸟巢的定位测量和首都机场扩建中的定位测量都使用了 GPS 系统进行定位检测。

附录 C　全站仪和 GPS 数字化测图的基本思想和作业模式

一、数字化测图的基本思想和作业模式

(一)数字化测图的基本思想

传统的地形测图(白纸测图)实质上是将测得的观测值(数值)用图解的方法转化为图形。这一转化过程几乎都是在野外实现的,即使是原图的室内整饰一般也要在测区完成,因此劳动强度较大;再则,这个转化过程将使测得的数据所达到的精度大幅度降低。特别是在信息剧增、建设日新月异的今天,一纸之图已难载诸多图形信息,变更、修改也极不方便,实在难以适应当前经济建设的需要。

数字测图就是要实现丰富的地形信息和地理信息数字化及作业过程的自动化或半自动化。它希望尽可能缩短野外测图时间,减轻野外劳动强度,而将大部分作业内容安排到室内去完成。与此同时,将大量手工作业转化为电子计算机控制下的机械操作,这样不仅能减轻劳动强度,而且不会降低观测精度。数字测图的基本思想是将地面上的地形和地理要素(或称模拟量)转换为数字量,然后由计算机对其进行处理,得到内容丰富的电子地图,需要时由图形输出设备(如显示器、绘图仪)输出地形图或各种专题图图形。将模拟量转换为数字量这一过程通常称为数据采集。目前,数据采集方法主要有野外地面数据采集法、航片数据采集法、原图数字化法。数字测图的基本思想与过程如图 C-1 所示。数字测图就是通过采集有关的绘图信息并及时记录在数据终端(或直接传输给便携机),然后在室内通过数据

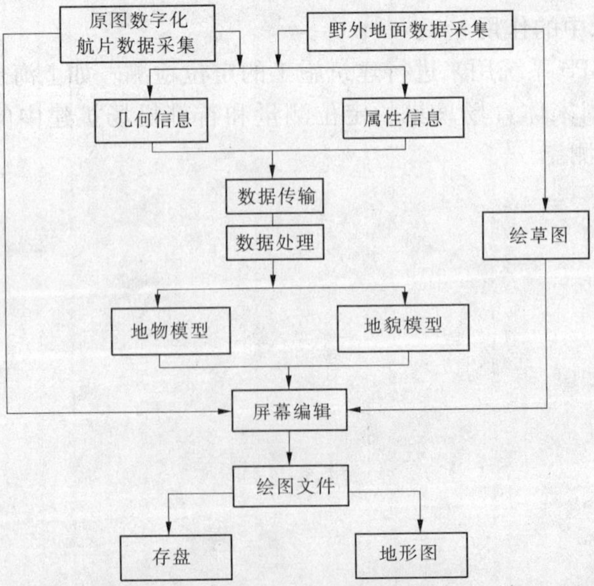

图 C-1　数字化测图过程

接口将采集的数据传输给计算机,并由计算机对数据进行处理,再经过人机交互的屏幕编辑,形成绘图数据文件。最后由计算机控制绘图仪自动绘制所需的地形图,最终由磁盘、磁带等储存介质保存电子地图。数字测图的生产成品虽仍然是以提供图解地形图为主,但它却以数字形式保存着地形模型及地理信息。

(二)数字测图作业模式

由于软件设计者思路不同、使用的设备不同,数字测图有不同的作业模式。归纳起来可区分为两大作业模式,即数字测记模式(简称测记式)和电子平板测绘模式(简称电子平板)。数字测记模式就是用全站仪(或普通测量仪器)在野外测量地形特征点的点位,用电子手簿(或 PC 卡)记录测点的几何信息及其属性信息,或配合草图到室内将测量数据由电子手簿传输到计算机,经人机交互编辑成图。测记式外业设备轻便、操作方便,野外作业时间短。由于是"盲式"作业,对于较复杂的地形,通常要绘制草图。电子平板测绘模式就是全站仪+便携机+相应测图软件,实施外业测图的模式。这种模式利用便携机的屏幕模拟测板在野外直接测图,可及时发现并纠正测量错误,外业工作完成,图也就出来了,实现了内外业一体化。

从实际作业来看,数字测图的作业模式是多种多样的。不同软件支配不同的作业模式,一种软件可支配多种测图模式。由于用户的设备、要求及作业习惯不同,我国目前数字测图作业模式大致有如下几种:

(1)全站仪+电子手簿测图模式;

(2)普通经纬仪+电子手簿测图模式;

(3)平板仪测图+数字化仪数字化测图模式;

(4)旧图数字化成图模式;

(5)测站电子平板测图模式;

(6)镜站遥控电子平板测图模式;

(7)航测像片量测成图模式。

各种作业模式的硬件连接方式和数据传输方式如图 C-2 所示。

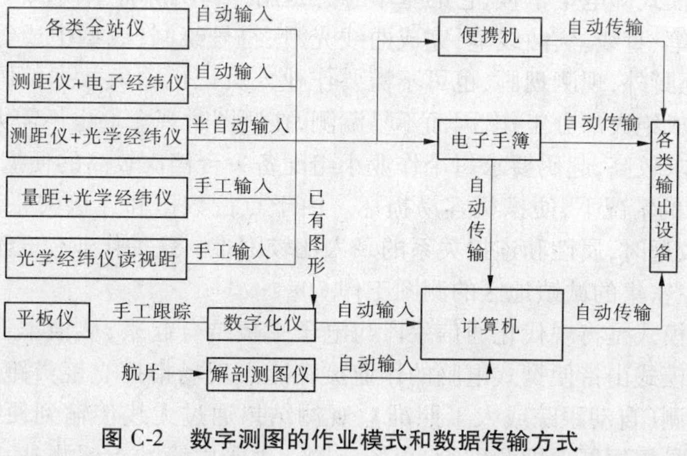

图 C-2 数字测图的作业模式和数据传输方式

第一种作业模式是测记式,为绝大部分软件所支持。该模式使用电子手簿或全站仪内存自动记录观测数据,作业自动化程度较高,可以极大地提高外业工作的效率。采用这种作业模式的主要问题是地物属性和连接关系的采集。由于全站仪的采用,测站和镜站的距离可以拉得很远,因而测站上就很难看到所测点的属性及其与其他点的连接关系。属性和连接关系输入不正确,会给后期的图形编辑工作带来极大的困难。解决的方法之一是使用对讲机加强测站与立镜点之间的联系,以保证测点编码(简码)输入的正确性。解决的方法之二是将属性和连接关系的采集移到镜站用手工草图来完成,测站电子手簿或全站仪内存只记录定位数据(坐标),在内业编辑时用“引导文件”导入属性和连接关系。这样,既保证了数据的可靠性,又大幅度提高了外业工作的效率,是目前外业工作中常用的一种模式。

第二种作业模式适合暂时还没有条件购买全站仪的用户,它采用手工将观测数据键入到电子手簿,其他与第一种作业模式相同。由于用手工输入数据,其数据可靠性和工作效率显然都存在一定的问题。然而,由于它对仪器设备和人员能力的要求较低,也有一些单位仍在采用。

第三种作业模式也几乎被所有的数字测图软件所支持。该模式的基本做法是先用平板测图方法测出白纸图,可不清绘,然后在室内用数字化仪将白纸图进行矢量化。就我国的基本国情和目前测绘行业的现状(设备条件、技术力量)而言,平板测图仍然被大部分测绘单位所采用,而某些工程项目却又需要数字地图,这时可采用这种折中的作业模式。然而,这种作业模式所得到的数字地图的精度较低,特别是数字地图用于地籍管理等精度要求较高的工作时,精度问题就突出了。对于测绘数字地籍图,可以用第一种作业模式测量界址点,用平板仪测绘房屋、道路等平面图(不清绘),再用数字化仪将平面图数字化,转绘到界址点展点图(数字图)上,即可得到实用的数字地籍图。

第四种作业模式是我国早期(20 世纪 80 年代末 90 年代初)数字测图的主要作业模式。由于大多数城市都有精度较高、现势性较好的地形图,要制作多功能的数字地图,这些地形图是很好的数据源。1987 ~ 1997 年主要用手扶跟踪数字化仪数字化旧图。近年来随着扫描矢量化软件的成熟,扫描仪逐渐取代数字化仪数字化旧图。先用扫描仪扫描得到栅格图形,再用扫描矢量化软件将栅格图形转换成矢量图形。这一扫描矢量化作业模式,不仅速度快、劳动强度小,而且精度几乎没有损失。

第五种作业模式即电子平板,它的基本思想是用计算机屏幕来模拟图板,用软件中内置的功能来模拟铅笔、直线笔、曲线笔,完成曲线光滑、符号绘制、线型生成等工作。具体作业时,将便携机移至野外,现测现画,也可不需要作业人员记忆输入数据编码。这种模式的突出优点是现场完成绝大部分工作,因而不易漏测,在测图时观念上也不需大的改变。这种作业模式对设备要求较高,起码要求每个作业小组配备一台档次较高的便携机,但在作业环境较差(如有风沙)的情况下,便携机容易损坏。由于点位数据和连接关系都在测站采集,当测站、镜站距离较远时,属性和连接关系的录入比较困难。这种作业模式适合条件较好的测绘单位,用于房屋密集的城镇地区的测图工作。

第六种作业模式是将现代化通信手段与电子平板结合起来,从根本上改变了传统的测图作业概念。该模式由持便携式电脑的作业员在跑点现场指挥立镜员跑点,并发出指令遥控驱动全站仪观测(自动跟踪或人工照准),观测结果通过无线传输到便携机,并在屏幕上自动展点。作业员根据展点即测即绘,现场成图。由于由镜站指挥测站,能够“走到、看到、绘到”,不易漏测;能够同步“测、量、绘、注”,以提高成图质量。镜站遥控电子平板作业模式可形成单人测图系统,只要一名测绘员在镜站立对中杆,遥控测站上带伺服马达的全站仪瞄准镜站反光镜,并将测站上测得的三维坐标用无线电传输入电子平板仪并展点和注记高程,绘图员迅速实时地把展点的空间关系在电子平板仪上描述(表示)出来。这种作业模式现已实现无编码作业,测绘准确,效率高,代表未来的野外测图发展方向。但该测图模式由于需要数据传输的通信设备、高档便携机及带伺服马达的全站仪(非单人测图时可用一般的全站仪),设备较贵。

第七种作业模式的基本方法是:用解析测图仪或经过改造的立体坐标量测仪量测像片点的坐标,并将量测结果传送到计算机,形成数字化测图软件能支持的数据文件。经验证明,这种作业模式能极大地减少外业工作量,对于平坦地区的数字化测图显然是一种可行的方法。然而,由于受航测方法本身的局限和精度方面的限制,这种作业模式对于大比例尺成图来说,其应用范围会受到一定的限制。该作业模式已逐渐被全数字摄影测量所取代。

综观上述各种作业模式,如利用全站仪来进行点位测量,必须要求测站和待测点之间通视,从这个意义上讲,在测量方式上与传统方法并没有本质区别,这在很大程度上影响了野外数据采集的作业效率。近些年来,随着 GPS 技术的发展,利用 RTK 实时动态定位技术能够实时提供待测点的三维坐标,在测程 20 km 以内可达厘米级的测量精度。目前,高精度、轻小型的 GPS 接收机已经全面推出,它对野外数字测图系统的发展起到积极的推动作用。利用 GPS 作为数据采集手段的数字测图系统已经走向市场,并以其较高的作业效率受到广大用户的青睐。

二、数字化测图的基本作业过程

数字测图的作业过程与使用的设备和软件、数据源及图形输出的目的有关。但不论是测绘地形图,还是制作种类繁多的专题图、行业管理用图,只要是测绘数字图,都必须包括数据采集、数据处理、成果输出三个基本阶段。如图 C-3 所示。

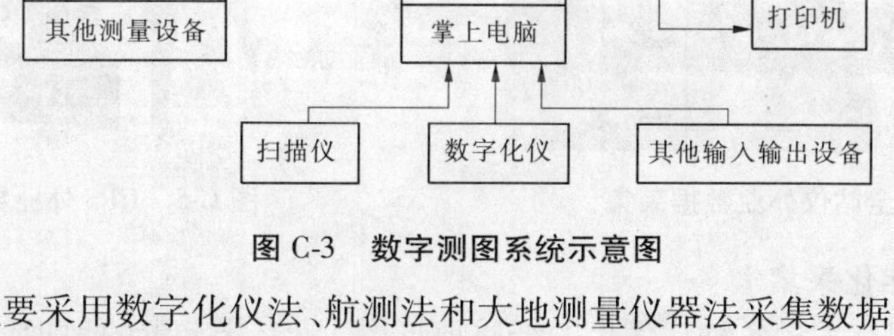

图 C-3 数字测图系统示意图

目前,我国主要采用数字化仪法、航测法和大地测量仪器法采集数据。前两者主要是室内作业采集数据,大地测量仪器法是野外采集数据。

(一)野外数据采集

野外常规数据采集是工程测量中,尤其是工程中大比例尺测图获取数据信息的主要方法。而采集数据的方法随着野外作业的方法和使用的仪器设备不同可以分为下面三种形式:

(1)普通地形图测图方法。使用普通的测量仪器,例如经纬仪、平板仪和水准仪等,将外业观测成果人工记录于手簿中,再进行内业数据的处理,然后输入计算机内。

(2)使用测距经纬仪和电子手簿方法。用测距经纬仪进行外业观测,如距离、水平向和天顶距等，用电子手簿在野外进行观测数据的记录及必要的计算，并将成果储存。内业处理时再将电子手簿中的观测数据或经处理后的成果输入计算机中。

(3)野外使用全站仪方法。用全站仪进行外业观测，测量数据自动存入仪器的数据终端，然后将数据终端通过接口设备输入到计算机。由于现在各类全站仪的测量精度比较高，而电子记录又能如实地记录和处理，无精度损失，这种方法从外业观测到内业处理直至成果输出整个流程实现了自动化，是目前数字测图中精度最高的一种，是城市地区的大比例尺测图中主要的测图方法。现在大多数单位全站仪已经普及，并且功能越来越强大，这种方法已经成为野外数据采集的主要方法。如图 C-4 所示。

(4)GPS 接收机采集法。这种方法是通过 GPS 接收机采集野外碎部点的信息数据。特别是近些年来出现的 RTK(Real Time Kinemtic)实时动态定位技术，这种测量模式是位于基准站(已知的基准点)的 GPS 接收机通过数据链将其观测值及基准站的坐标信息一起发给流动站的 GPS 接收机。流动站不仅接收来自参考站(基准站)的数据，还直接接收 GPS 卫星发射的观测数据，组成相位差分观测值，并实时处理，能够实时提供测点在指定坐标系的三维坐标。这种技术使用特别方便，能大大提高作业效率，已越来越多地应用在开阔地区的地面数字测图中。如图 C-5 所示。

图 C-4　全站仪外业数据采集

图 C-5　GPS 外业数据采集

(二)原图数字化采集

我国目前已拥有大量各种比例尺的纸质地形图，是十分宝贵的地理信息资源。为了充分利用这些资源，通过地图数字化的方法可以将其转换成数字地图。这种方法是利用原图在室内采集数据，因此称为原图数字化。原图数字化通常有两种方法：手扶跟踪数字化和扫描数字化。

(1)手扶跟踪数字化。将地图平放在数字化仪的台面上，用一个带十字丝的游标，手扶跟踪等高线或其他地物符号，按等时间间隔或等距离间隔的数据流模式记录平面坐标，或由人工按键控制平面坐标的记录，高程则需由人工从键盘输入。这种方法的优点是所获取的向量形式的数据在计算机中比较容易处理；缺点是精度低、速度慢、劳动强度大和自动化程度低等。尽管在地图数字化技术发展的初期曾是地图数字化的主要方法，但目前已不适应大批量现有地形图的数字化工作，一般只用于小批量或比较简单的地形图的数字化。

（2）扫描数字化（或称屏幕数字化）。利用平台式扫描仪或滚筒式扫描仪将地图扫描，得到栅格形式的地图数据，即一组阵列式排列的灰度数据（数字影像）。将栅格数据转换成矢量数据即可以充分利用数字图像处理、计算机视觉、模式识别和人工智能等领域的先进技术，可以提供从逐点采集、半自动跟踪到自动识别与提取的多种互为补充的采集手段，具有精度高、速度快和自动化程度高等优点，随着有关技术的不断发展和完善，该方法已经成为地图数字化的主要方法，它适宜于各种比例尺地形图的数字化，对大批量、复杂度高的地形图更具有明显的优势。国内已有许多优秀的矢量化软件，如 GeoScan、Cass - CAN、MapGIS 等。

（三）航片数据采集

这种方法是以航空摄影获取的航空像片做数据源，即利用测区的航空摄影测量获得的立体像对，在解析测图仪上或在经过改装的立体量测仪上采集地形特征点，自动转换成数字信息。这种方法工作量小，采集速度快，是我国测绘基本图的主要方法。由于精度原因，在大比例尺（如 1:500）测图中受到一定限制。目前，该法已逐渐被全数字摄影测量系统所取代。现在国内外已有 20 多家厂商推出数字摄影测量系统，如原武汉测绘科技大学推出的 Virtuozo，北京测绘科学研究院推出的 JX4A DPW，美国 Intergraph 公司推出的 ImageStation，Leica 公司推出的 Helava 数字摄影测量系统等。基于影像数字化仪、计算机、数字摄影测量软件和输出设备构成的数字摄影测量工作站是摄影测量、计算机立体视觉影像理解和图像识别等学科的综合成果，计算机不但能完成大多数摄影测量工作，而且借助模式识别理论，实现自动或半自动识别，从而大大提高了摄影测量的自动化功能。全数字摄影测量系统大致作业过程为：将影像扫描数字化，利用立体观测系统观测立体模型（计算机视觉），利用系统提供的一系列进行量测的软件——扫描数据处理、测量数据管理、数字走向、立体显示、地物采集、自动提取（或交互采集）DTM（数字地面模型）、自动生成正射影像等软件（其中利用了影像相关技术、核线影像匹配技术），使量测过程自动化。全数字摄影测量系统在我国迅速推广和普及，目前已基本上取代了解析摄影测量。

三、数据处理

（一）概述

数字测图的关键是进行数据处理，但这里讲的数据处理阶段是指在数据采集以后到图形输出之前对图形数据的各种处理。数据处理主要包括数据传输、数据预处理、数据转换、数据计算、图形生成、图形编辑与整饰、图形信息的管理与应用等。数据预处理包括坐标变换、各种数据资料的匹配、图形比例尺的统一、不同结构数据的转换等。数据转换内容很多，如将野外采集到的带简码的数据文件或无码数据文件转换为带绘图编码的数据文件，供自动绘图使用；将 AutoCAD 的图形数据文件转换为 GIS 的交换文件。数据计算主要是针对地貌关系的。当数据输入计算机后，为建立数字地面模型绘制等高线，需要进行插值模型建立、插值计算、等高线光滑处理三个过程的工作。在计算过程中，需要给计算机输入必要的数据，如插值等高距、光滑的拟合步距等。必要时需对插值模型进行修改，其余的工作都由计算机自动完成。数据计算还包括对房屋类呈直角拐弯的地物进行误差调整、消除非直角化误差等。

经过数据处理后，可产生平面图形数据文件和数字地面模型文件。要想得到一幅规范的地形图，还要对数据处理后生成的"原始"图形进行修改、编辑、整理；还需要加上汉字注记、高程注记，并填充各种面状地物符号；还要进行测区图形拼接、图形分幅和图廓整饰等。数据处理还包括对图形信息的全息保存、管理与使用等。

数据处理是数字测图的关键阶段，数据处理能力的关键是测图软件的功能。测图软件具有数据量大、算法复杂、涉及外部设备繁多等特点。目前，常用的数字测图软件有以下几种：

(1)广州南方测绘仪器公司的数字化成图软件。

(2)威远图 SV300R2002 测图的标准化软件。

(3)清华山维 EPSW2003 全息测图系统成图软件。

(二)CASS 软件作图过程

CASS 软件是基于 AutoCAD 平台技术的 GIS 前端数据处理系统。广泛应用于地形成图、地籍成图、工程测量应用、空间数据建库等领域，全面面向 GIS，彻底打通数字化成图系统与 GIS 接口，使用骨架线实时编辑、简码用户化、GIS 无缝接口等先进技术。自 CASS 软件推出以来，已经成长为用户量最大、升级最快、服务最好的主流成图系统。

CASS7.0 版本相对于以前各版本，除平台、基本绘图功能上作了进一步升级外，积极响应"金土工程"的要求，针对土地详查、土地勘测定界的需要开发了很多专业实用的工具。在空间数据建库的前端数据的质量检查和转换上提供更灵活、更自动化的功能。

我们在这里重点介绍使用 CASS7.0 软件的作图过程。

CASS7.0 安装之后即显示如图 C-6 所示主界面。

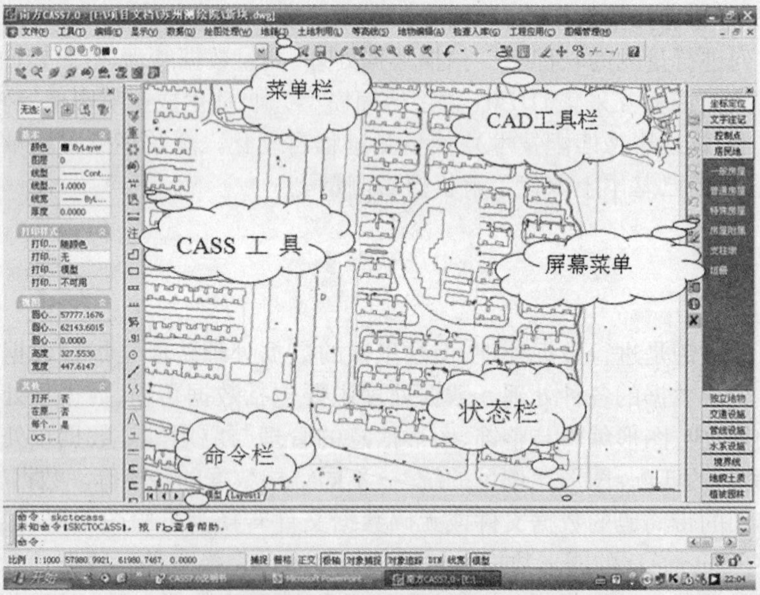

图 C-6　CASS7.0 主界面

1. 数据输入

在使用全站仪或者 GPS 进行外业数据采集后，需要先进行数据传输。一般是先通过"数据"菜单读取全站仪数据；还能通过测图精灵和手工输入原始数据来输入。

在使用时，先将全站仪与电脑连接好，选择 CASS7.0 菜单栏中的"数据"选项，选择"读取全站仪数据”，会出现如图 C-7 所示的界面，再选择正确的仪器类型，并在全站仪和 CASS7.0 中设置相同的通信参数：波特率、通信协议和字符/校验，然后选择“CASS 坐标文件”，设置存储路径并输入文件名。最后点击“转换”，即可将全站仪外业测量的数据转换成标准的 CASS 坐标数据。CASS 坐标数据的标准格式为：

点名，编码，Y 坐标，X 坐标，H 坐标

每个点的坐标的单位都是米；编码可输也可不输，但即使编码为空，后面的逗号也不能省略。

需要注意的是：如果仪器类型里无所需型号或无法通信，先用该仪器自带的传输软件将数据下载。将“联机”去掉，“通信临时文件”选择下载的数据文件，“CASS 坐标文件”输入文件名。点击“转换”，也可完成数据的转换。

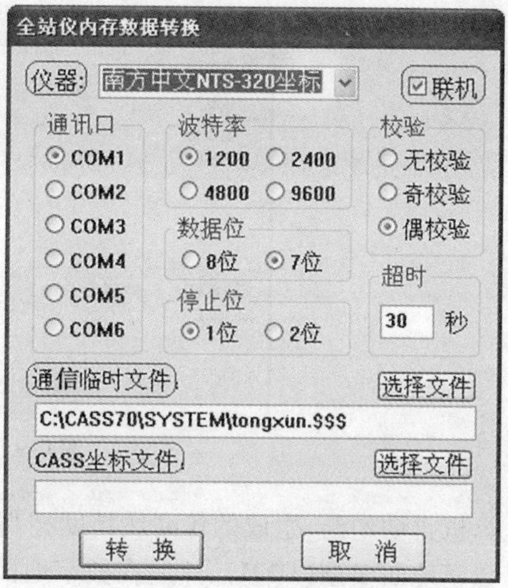

图 C-7　全站仪内存坐标转换

2. 定显示区、展点

1）定显示区

鼠标移动到菜单栏“绘图处理”选项，点击即出现如图 C-8 所示下拉菜单，点击“定显示区”项，即出现如图 C-9 所示对话框，根据提示选择输入数据文件名，点击打开，即定下了该文件确定的显示区域。

2）选择测点点号定位成图法

点击右侧屏幕菜单中“测点点号”项，出现如图 C-8 所示对话框，同样的方法输入数据文件，命令行提示：“读点完成！共读入×个点”。

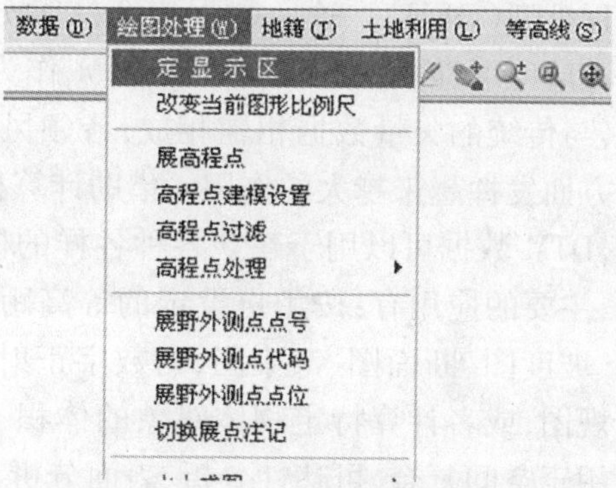

图 C-8　“定显示区”菜单

3）展野外测量点点号

移动鼠标到菜单栏“绘图处理”选项，在下拉菜单里选择“展野外测点点号”项，即出现如图 C-9 所示的对话框，用同样的方法输入数据文件，屏幕上即按照点的坐标展出了野外测量点的点号。

3. 绘平面图

1）绘制平面图

根据外业所绘草图或者编码，采用“草图法”或者“编码引导法”进行绘制。绘图时，结合窗口右侧屏幕菜单，选择适当的地物符号进行绘制，只需将相应的外业测量点的点号按顺序连接，按照命令行的提示进行输入，软件即可自动生成所需的地形图标准图式符号。

2）绘制等高线

在地形图中，等高线是表示地貌起伏的一种重要手段。常规的平板测图，等高线是由手工描绘的，等高线可以描绘得比较圆滑但精度稍低。在数字化自动成图系统中，等高线由计

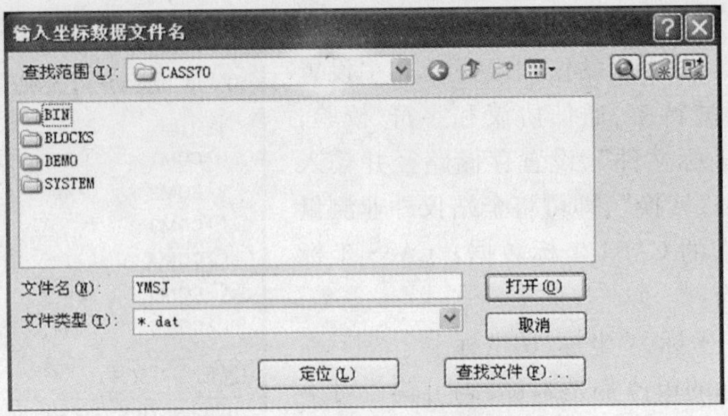

图 C-9　选择野外测点数据文件

算机自动勾绘，生成的等高线精度相当高。在绘等高线之前，必须先将野外测的高程点建立数字地面模型（DTM），然后在数字地面模型上生成等高线。

数字地面模型（DTM）是把在一定区域范围内的规则格网点或三角网点的平面坐标（x,y）和其地物性质的数据集合，如果此地物性质是该点的高程 z，则此数字地面模型又称为数字高程模型（DEM）。这个数据集合从微分角度三维地描述了该区域地形地貌的空间分布。DTM 作为一种新兴的数字产品，与传统的矢量数据相辅相成，各领风骚，在空间分析和决策方面发挥越来越大的作用。借助计算机和地理信息系统软件，DTM 数据可以用于建立各种各样的模型解决一些实际问题，主要的应用有：按用户设定的等高距生成等高线图、透视图、坡度图、断面图、渲染图，与数字正射影像 DOM 复合生成景观图，或者计算特定物体对象的体积、表面覆盖面积等，还可用于空间复合、可达性分析、表面分析、扩散分析等方面。

进行绘图时，先通过菜单栏“等高线”选项建立数字地面模型（DTM）如图 C-10 所示，然后对其进行修改，主要是对三角网进行修改，最后再选择绘制等高线并对其进行修饰。

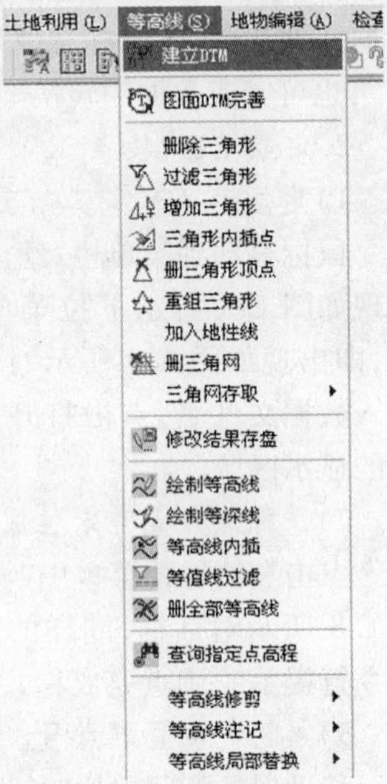

图 C-10　等高线菜单

3）图幅整饰

地形平面图和等高线绘制完毕之后，还需要对图形进行整饰。进行图幅整饰时，应先对图形中的地物、地貌、高程点加入注记，包括文字注记和高程注记；然后根据地形图的大小，通过“绘图处理”菜单里的标准图幅或者任意图幅对地形图加入图框，如图 C-11 所示，填写相关信息之后，点击“确认”，就形成了带有图名、图框等信息的完整的数字地形图。

其他软件绘图方法基本相似，在此就不一一赘述了。

四、成果输出

经过数据处理以后，即可得到数字地形图，也就是形成一个图形文件，由磁盘或磁带作永久性保存。也可以将数字地图转换成地理信息系统所需要的图形格式，用于建立和更新

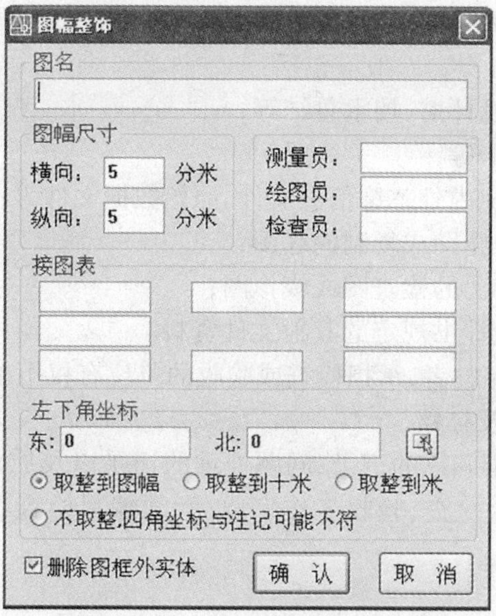

图 C-11 图幅整饰对话框

GIS 图形数据库。输出图形是数字测图的主要目的,通过对层的控制,可以编制和输出各种专题地图(包括平面图、地籍图、地形图、管网图、带状图、规划图等),以满足不同用户的需要。可采用矢量绘图仪、栅格绘图仪、图形显示器、缩微系统等绘制或显示地形图图形。为了使用方便,往往需要用绘图仪或打印机将图形或数据资料输出。在用绘图仪输出图形时,还可按层来控制线画的粗细或颜色,绘制美观、实用的图形。如果以生产出版原图为目的,可采用带有光学绘图头或刻针(刀)的平台矢量绘图仪,它们可以产生带有线画、符号和文字等高质量的地图图形。

五、检查验收

测绘产品的检查验收与质量是生产过程中必不可少的环节,是测绘产品的质量保证,是对测绘产品的质量的评价。为了控制测绘产品的质量,测绘工作者必须具有较高的质量意识和管理才能。因此,完成数字地形图成图后也必须做好检查验收工作。

(一)检查验收的依据

(1)有关的测绘任务书、合同书中有关产品质量特性的摘录文件或委托检查、验收文件。

(2)有关法规和技术标准。

(3)技术设计书和有关的技术规定等。

(二)二级检查一级验收制

对数字测绘产品实行过程检查、最终检查和验收制度。

过程检查由生产单位的中队(室)检查人员承担。最终检查由生产单位的质量管理机构负责实施。

验收工作由任务的委托单位组织实施,或由该单位委托具有检验资格的检验机构验收。各级检查工作必须独立进行,不得省略或代替。

(三)应提交检查验收的资料

提交的成果资料必须齐全。一般应包括：

(1)项目设计书、技术设计书、技术总结等；

(2)文档簿、质量跟踪卡等；

(3)数据文件，包括图廓内外整饰信息文件、原始数据文件等；

(4)作为数据源使用的原图或复制的底图；

(5)图形或影像数据输出的检查图或模拟图；

(6)技术规定或技术设计书规定的其他文件资料。

凡资料不全或数据不完整者，承担检查或验收的单位有权拒绝检查验收。

(四)检查验收的记录及存档

检查验收记录包括质量问题的记录、问题处理的记录以及质量评定的记录等。记录必须及时、认真、规范、清晰。检查、验收工作完成后，须编写检查、验收报告，并随产品一起归档。

附录 D 案例分析

程泰公司办公大楼工程施工测量方案

1 工程概况

程泰公司办公大楼工程位于天津经济技术开发区，地处五大街与相安路交叉口附近，建筑面积 18 315 m^2，结构形式为全现浇框架结构，建筑物檐高 24.4 m，室内外高差 450 mm，±0.000相当于绝对标高 4.450 m。

基础为钢筋混凝土承台结构，埋深 -1.700 m，C15 混凝土垫层 100 mm 厚，外轴线尺寸为64.8 m×57.6 m，内设三部电梯。

2 控制点的布置及施测

2.1 从场地实际情况看，连廊后期施工，拟建建筑物的四周场地狭小，故南北向和东西向控制点集中布设在东侧和北侧的原有混凝土路面上，西侧和南侧只布设远向复核控制点。

2.2 布设的控制点均引至四周永久性建筑物或马路上，且要求通视，采用正倒镜分中法投测轴线时或后视时均在观测范围之内。

2.3 根据甲方要求和测量大队提供的控制点形成四边形进行控制。

2.4 对楼层进行网状控制，兼顾 ±0.000 以上施工，设置 1～9 轴，A～K 轴为控制轴。

2.5 根据甲方提供的高程控制点数据，向建筑物的东、西、南、北各引测一个固定控制点。

2.6 水准点按三等水准测量要求施测。

2.7 所有控制点设专人保护，定期巡视，并且每月复核一次，使用前必须进行复核。

3 轴线及各控制线的放样

地面控制点布设完后，转角处线采用 2″经纬仪 TDJ2-B 进行复测。各轴线间距离采用钢尺量距检测，经校核无误后进行施测。

3.1 基础施工轴线控制，直接采用基坑外控制桩两点通视直线投测法，向基坑内投测轴线（采用三点成一线及转直角复测），再按投测控制线引放其他细部控制线，且每次控制轴线的放样必须独立施测两次，经校核无误后方可使用。

3.2 由于基础挖深为 1.3 m 左右，基础施工时的标高引测可以直接采用基坑外围的 -0.500 m标高点。

3.3 ±0.000 以上施工，采用正倒镜分中法投测其他细部轴线。

3.4 ±0.000 以上高程传递，采用钢尺直接丈量法，若竖直方向有突出部分，不便于拉尺时，可采用悬吊钢尺法。每层高度上至少设两个以上水准点，两尺导入误差必须符合规范要求，否则独立施测两次。每层均采用首层统一高程点向上传递，不得逐层向上丈量，且层层校核，因 ±0.000 以上结构采用在固定的柱竖向钢筋上抄测结构 0.500 m 控制点，以供结构施工标高控制，且必须校核无误。

3.5　各层平面放出的细部小线，特别是柱、墙的控制线必须校核无误，以便检查结构浇筑质量和以后的进一步施工。

3.6　二次结构施工以原有控制轴线为准，引放其他墙体、门窗洞口尺寸。外窗洞口采用经纬仪投测，以贯通控制线于外立面上，窗洞口标高以各层50标高线控制且外立面水平弹出贯通控制线，周圈闭合，保证窗口位置正确，上下垂直，左右对称一致。

3.7　室内装饰面施工时，平面控制仍以结构施工控制线为依据，标高控制以建筑50标高线为准，要求交圈闭合，误差在限差范围内。

3.8　外墙四大角以控制轴线为准，保证四大角垂直方正，经纬仪投测上下贯通，竖向垂直线供装饰控制校核。

3.9　外墙壁饰面施工时，以放样图为依据，以外门窗洞口、四大角上下贯通控制线为准，弹出方格网控制线。（方格网大小以饰面块材尺寸而定）

4　轴线及高程点放线程序

4.1　基础工程

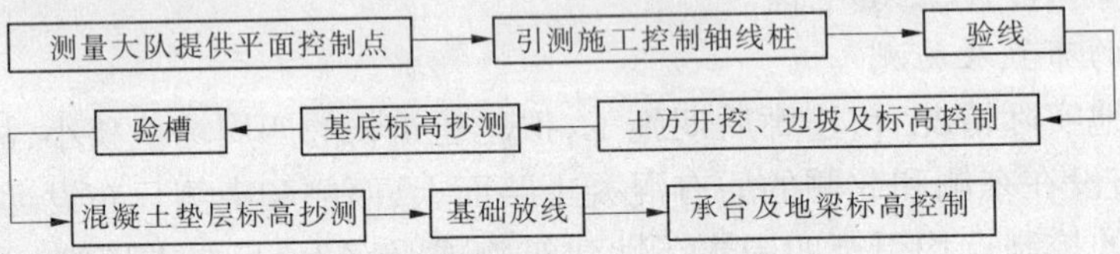

4.2　上部结构工程

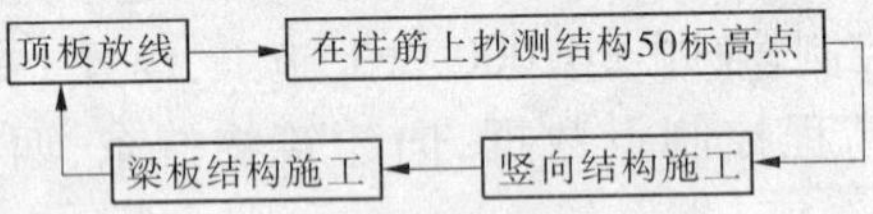

4.3　二次结构及装修工程

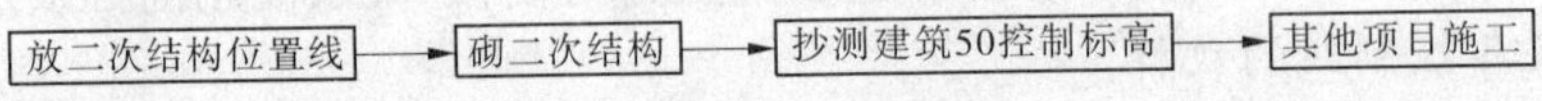

5　施工时的各项限差和质量保证措施

5.1　为保证误差在允许的范围内，各种控制测量必须执行《工程测量规范》(GB 50026—2007)，操作按规范要求进行，各项限差必须达到下列要求。

5.1.1　控制轴线，轴线间互差：大于20 m时为1/7 000（相对误差）。

5.1.2　各种结构控制线相对于轴线不超过±3 mm。

5.1.3　标高不超过±5 mm。

5.1.4　垂直度层高≤8 mm，全高1/1 000且不大于3 mm。

5.2　放样工作按下述要求进行。

5.2.1　仪器各项限差符合同级别仪器限差要求。

5.2.2　钢尺量距时，对悬空和倾斜测量应在满足限差要求的情况下考虑垂曲及倾斜改正。

5.2.3　标高抄测时，采取独立施测两次法，其限差为±3 mm，所有抄测应以水准点为后视。

5.2.4　垂直度观测：若采取吊垂球，应在无风的情况下，如有风而不得不采取吊垂球时，可将垂球置于水桶内。

5.3　细部放样应遵循下列原则：

5.3.1　用于细部测量的控制点或线必须经过检验。

5.3.2　细部测量坚持由整体到局部的原则。

5.3.3　有方格网的必须校正对角线。

5.3.4　方向控制尽量使用距离较长的点。

5.3.5　所有结构控制线必须清楚明确。

6　施工时的沉降观测

6.1　建筑物自身的沉降观测。

6.1.1　应设计要求，本建筑物做沉降观测，要求在整个施工期间至沉降基本稳定止进行观测。

6.1.2　本建筑物施工时沉降观测按二等水准测量要求进行，观测精度如表 D-1 所示。

表 D-1　沉降观测精度参考表

等级	标高中误差（mm）	相邻高差中误差（mm）	观测方法	往返较差复合或环形闭合差（mm）
二等	±0.5	±0.3	二等水准测量	$0.6n^{1/2}$（n 为测站数）

6.1.3　沉降观测点的设置：在主楼平面四角及每边中点各一个，竖向位置为 +100 ~ 150 mm。用于沉降观测的水准点必须设在便于保护的地方。观测点采用天津市统一制定的沉降观测标志点（天津市沉降控制测量办公室）。

6.1.4　结构施工期间，每施工一层，复测一次；装修期间每月复测一次，直至竣工。

6.1.5　工程竣工后，第一年测四次，第二年测两次，第三年后每年测一次，直至下沉稳定为止，一般为五年。

6.1.6　观测资料及时整理，并与土建专业技术人员一同分析成果。

7　测量复核措施及资料的整理

7.1　控制材料的复核措施按 2、3 的叙述进行。

7.2　细部放样采用不同人员、不同仪器，或钢尺进行，条件不允许的可独立施测两次。

7.3　外业记录采用统一格式，装订成册，回到内业及时整理并填写有关表格，并由不同人员将原始资料及有关表格进行复核，对于特殊测量要有技术总结和相关说明。

7.4　有高差作业或重大项目的要报请相关部门或上级单位复核并认可。

7.5　对各层放样轴线间距离等采用钢尺量距校核，达到准确无误。

7.6　所有测量资料统一编号，分类装订成册。

8　仪器的配备及人员的组成

8.1　主要仪器的配备情况（见表 D-2）。

8.2　测量人员组成

项目技术负责人和测量技术员（2 名）。

表 D-2　测量仪器配备一览表

序号	测量器具名称	型号规格	单位	数量	备注
1	光学经纬仪	J_2	台	2	工程开工即组织进场
2	自动安平水准仪		台	1	
3	钢尺	50 m	把	2	
4	钢卷尺	5 m	把	10	
5	塔尺	5 m	把	2	

9　仪器保养和使用制度

9.1　仪器实行专人负责制，建立仪器管理台账，由专人保管、填写。

9.2　所有仪器必须每年鉴定一次，并经常进行自检。

9.3　仪器必须置于专业仪器柜内，仪器柜必须干燥、无尘土。

9.4　仪器使用完毕后，必须进行擦拭，并填写使用情况表格。

9.5　仪器在运输过程中，必须手提，禁止置于有震动的车上。

9.6　仪器现场使用时，司仪员不得离开仪器。

9.7　水准尺不得躺放，三脚架水准尺不得作工具使用。

10　测量管理制度

10.1　所有测量人员必须持证上岗。

10.2　上岗前必须学习和掌握《城市测量规范》(CJJ/T 8—2011)、《工程测量规范》(GB 50026—2007)、《建筑工程施工测量规程》，公司技术部制订的测量管理制度等基本方案。

10.3　到现场放样前，必须先熟悉图纸，对图纸技术交底中的有关尺寸进行计算、复核、制订具体的方案后方可进场施测。

10.4　所有测量人员必须熟悉控制点的布置，并随时巡视控制点的保存情况，如有破坏应及时汇报。

10.5　测量人员应了解工程进度情况，经常同有关领导和有关部门进行业务交流。

10.6　经常与技术干部保持联系，及时掌握图纸变更洽商，并及时将变更内容反映到图纸上。

10.7　爱护仪器，经常进行擦拭，检查时仪器保持清洁、灵敏，并定期维修。

10.8　有关外业资料要及时收集整理。

10.9　定期开展业务学习，努力提高测量人员素质。

10.10　必须全心全意为项目部服务，必须将所测的点或线向项目部交代清楚。

附录 E 《建筑工程测量》测试题

《建筑工程测量》测试题(一)

一、名词解释(10 分,2 分/题)

1. 绝对高程

2. 水平角

3. 方位角

4. 等高线

5. 建筑物放线

二、填空(每空 1 分,共 30 分)

1. 测量工作的基本内容有＿＿＿＿＿＿＿＿＿＿＿,＿＿＿＿＿＿＿＿＿＿＿和＿＿＿＿＿＿＿＿＿＿＿。

2. 在地面上测设点的平面位置常用的方法有＿＿＿＿＿＿＿＿,＿＿＿＿＿＿＿＿,＿＿＿＿＿＿＿＿和＿＿＿＿＿＿＿＿。

3. 水准仪主要由＿＿＿＿＿＿＿＿＿＿,＿＿＿＿＿＿＿＿＿＿和＿＿＿＿＿＿＿＿＿＿三部分组成。

4. 双面水准尺有黑、红两个尺面,两个尺面的起点分别是＿＿＿＿＿＿＿＿＿＿＿和

________________。

5. 在水平角测量中影响测角精度的因素很多,主要有____________,______________,以及____________。

6. 距离测量的方法有__________________________,__________________________,__________________________。

7. 衡量精度的指标有__________________________,__________________________,__________________________。

8. 对线段 AB 进行往返丈量,两次丈量结果分别为 238.685 m 和 238.635 m,则 AB 的长度 = ________________ m,相对精度 K = ________________。

9. 等高线的种类有________________,________________,________________,________________。

10. 测设的基本工作包括________________________,________________________,________________________。

三、判断题(每题 1 分,共计 10 分。正确的打"√",错误的打"×")

1. 距离交会法适用于测量控制点与待测设点距离较近,丈量方便时的定位测量。 (　　)

2. 在进行闭合导线坐标计算时,坐标增量闭合差 f_x、f_y 的分配原则是:将其反符号按与边长成反比例,分配到各坐标增量的计算值中。 (　　)

3. 槽底标高检查时,槽底对设计标高的允许误差为 +50 ~ −50 mm。 (　　)

4. 用经纬仪测水平角时,其测角误差的大小与测得的水平角的角值大小有关。 (　　)

5. DJ_6 级光学经纬仪用测回法测角时,各测回角值之差不得大于 40″。 (　　)

6. 龙门板钉好后还要用水准仪进行复查,误差不得超过 ±15 mm。 (　　)

7. 偶然误差可以用计算改正或用一定的观测方法加以消除。 (　　)

8. 施工放样是将图纸上设计的建、构筑物按其设计位置测设到相应的地面上。 (　　)

9. 等高线是闭合的曲线,如果不在本幅图内闭合,则必在图外闭合。 (　　)

10. 高层建筑物全高垂直度测量偏差不应超过 $3H/10\ 000$(H 为建筑物总高度)。 (　　)

四、简答题(20 分,每小题 5 分)

1. DJ_6 经纬仪上有哪几条轴线?各轴线之间应满足什么几何条件?

2. 导线测量选点时应注意哪些事项?

3. 沉降观测时应尽可能做到哪四固定?

4. 编绘竣工总平面图的目的是什么?

五、试述用测回法测量水平角的全过程。(10 分)

六、计算题(共计 20 分)

1. 设已知直线 BC 的坐标方位角为 $235°00'$,又推算得直线 CD 的象限角为南偏东 $45°00'$,试求小夹角 $\angle BCD$,并绘图表示。(5 分)

2. 用精密方法测设水平角,其设计角值为 $\beta = 90°00'00''$。测设后用测回法测得该角度为 $\beta_1 = 89°59'12''$。如新测设的角的边长为 50.00 m,问应该如何调整,才能符合要求?并绘图说明。(5 分)

3. 填表计算出各点间高差 h 及 B 点的高程 H_B 并进行计算检核。(10 分)

测点	水准尺读数(m)		高差(m)		高程(m)	备注
	后视	前视	+	-		
BM_A	1.677				158.768	$H_A=158.768$
1	1.575	1.635				
2	1.463	1.460				
3	1.488	1.108				
B		2.458				
$\sum$						
计算检核	$\sum a-b=$ $\sum h=$ $H_B-H_A=$					

《建筑工程测量》测试题(二)

一、名词解释(20 分,4 分/题)

1. 测量学

2. 绝对高程

3. 竖直角

4. 方位角

5. 建筑物定位

二、填空(每空0.5分,共20分)

1. 测量工作的基本内容有____________,____________和____________。

2. 水准路线的布设形式有____________,____________,____________。

3. 经纬仪主要由____________,____________和____________三大部分组成。

4. 精密量距的三项改正包括____________,____________,____________。

5. 导线的布设形式是____________,____________,____________。

6. 在地面上测设点的平面位置常用的方法为____________,____________,____________。

7. 地物符号有____________,____________,____________,____________。地貌主要用____________表示。

8. 标准方向的种类有____________,____________,____________。

9. 对线段 AB 进行往返丈量,两次丈量结果分别为149.975 m和150.025 m,则 AB 的长度 = ____________ m,相对精度 = ____________。

10. 等高线的种类有____________,____________,____________,____________。

11. 我国位于北半球,x 坐标均为____________,y 坐标则有____________。为了避免出现负值,将每带的坐标原点向____________ km。

12. 建筑物沉降观测是用____________的方法,周期性地观测建筑物上的沉降观测点和水准基点之间的____________变化值。

三、简答题(25分,每小题5分)

1. 建筑工程测量的主要任务是什么?

2. 微倾水准仪上有哪几条轴线？各轴线之间应满足什么条件？

3. 等高线有哪些特性？

4. 施工控制网与测图控制网相比，具有哪些特点？

四、试述用经纬仪测绘法在一个测站上测绘大比例尺地形图的过程。（15 分）

五、计算题（25 分）

1. 利用高程为 119.265 m 的水准点 A，欲测设出高程为 119.854 m 的 B 点。若水准仪安置在 A、B 两点之间，A 点水准尺读数为 1.836 m，问 B 点水准尺读数应是多少？并绘图说明。（5 分）

2. 已知直线 BC 的坐标方位角为 210°00′，直线 CD 的象限角为南偏东 60°00′，C 点的坐标为(200.00、300.00)，CD 的边长为 100 m，试求小夹角 $\angle BCD$ 角度及 D 点的坐标，并绘图表示之。(10 分)

3. 试计算下表所列闭合导线点 B、C、D 的坐标。(10 分)

(注：辅助计算中写出计算公式和得数)

点号	距离(m)	坐标增量(m)		改正后坐标增量(m)		坐标值(m)	
		ΔX	ΔY	ΔX	ΔY	ΔX	ΔY
A						1 000.00	2 000.00
	125.81	−109.50	+61.95				
B							
	162.91	+57.94	+152.26				
C							
	136.84	+126.67	−51.77				
D							
	178.7	−74.99	−162.27				
A							
总和							
辅助计算	$f_x=\sum\Delta x=$ $f_y=\sum\Delta y=$		$v_{xi}=-\frac{f_x}{\sum D}\cdot D_i=$ $v_{yi}=-\frac{f_y}{\sum D}\cdot D_i=$		$f_D=\sqrt{f_x+f_y}=$ $k=\frac{1}{\frac{\sum D}{f_D}}=$		

附录 F　测量实习记录表格

地形测量手簿

专业：________________

班级：________________

组别：________________

组员：________________

学号：________________

年　　月　　日

填表说明

1. 所有表格均用铅笔认真填写，清晰整洁。
2. 表中各项内容(特别是表头处)均需填写，不得缺项，否则该表以 0 分计。
3. 表格不够用时可另加附表。

表一

水准仪检验

（1）一般检查

三脚架是否牢固		校正后情况	
制动及微动螺旋是否有效			
其他			

（2）圆水准器轴平行于竖轴

转180°检验次数	气泡偏离情况（mm）	校正后情况

（3）十字丝横丝垂直于竖轴

检验次数	误差情况	校正后情况
1		
2		

（4）视准轴平行于水准管轴（$i=\Delta h/D_{AB}\cdot\rho$，应≤20″，$\Delta h=a_2-a_2'$）

仪器在中点求正确高差			仪器在 B 点旁检验校正		
第一次	A 点尺上读数 a_1		第一次	B 点尺上读数 b_2	
	B 点尺上读数 b_1			A 点尺上读数 a_2	
	$h_1=a_1-b_1$			A 点尺上应读数 $a_2'=b_2+h_1$	
				视准轴偏上（或偏下）的数值 i 角	
第二次	A 点尺上读数 a_3		第二次	B 点尺上读数 b_4	
	B 点尺上读数 b_3			A 点尺上读数 a_4	
	$h_2=a_3-b_3$			A 点尺上应读数 $a_4'=b_4+h_2$	
				视准轴偏上（或偏下）的数值 i 角	
第三次	平均高差		第三次	B 点尺上读数 b	
	$h=\frac{1}{2}(h_1+h_2)=$			A 点尺上读数 a	
				A 点尺上应读数 $a'=b+h$	
				视准轴偏上（或偏下）的数值 i 角	

表二

经纬仪检验

日期________ 天气__________ 仪器编号__________ 观测员__________ 记录员________

(1)一般检查

三脚架是否牢固		螺旋等处是否清洁	
仪器转动是否灵活		望远镜成像是否清晰	
制动及微动螺旋是否有效		其他	

(2)水准管轴垂直于竖轴

检验(照准部转 180°)次数	1	2	3	4	校正后
气泡偏离格数					

(3)十字丝竖丝垂直于横轴

检验次数	误差情况	校正后情况
1		
2		

(4)视准轴垂直于横轴(2C 差)四分之一法

	仪器	检查项目	横尺读数		检查项目	横尺读数
检查	在位置 O 后视 A,倒转望远镜前视 B	盘左 B_1		校正后复查	盘左 B_1	
		盘右 B_2			盘右 B_2	
		B_2-B_1			B_2-B_1	
		$(B_2-B_1)/4$			$(B_2-B_1)/4$	

(5)横轴垂直于竖轴

第一次检验	记录	第二次检验	记录
瞄准高点时的竖直角		瞄准高点时的竖直角	
仪器离墙面的距离		仪器离墙面的距离	
$P_1P_2=$		$P_1P_2=$	
P_1 在 P_2(左、右)		P_1 在 P_2(左、右)	

(6)竖盘指标差

目标	竖盘位置	竖盘读数	竖盘指标差	竖盘水平始读数	
	左			$L_O=$	
	右			$R_O=$	

表三

钢尺检验记录计算表

日期__________ 天气__________ 仪器编号__________ 观测员__________ 记录员__________

钢尺号码: 拉力: 温度: t_0 =

标准尺长 L_0	尺长误差 ΔL				每米改正数 $\Delta L / L_0$	尺长方程式
	1	2	3	平均		$L = L_0 + \Delta L + \alpha(t - t_0)L_0$ $\alpha = 0.000\ 012\ 5\ \text{m}/℃$

表四(1)

一般方法钢尺量距手簿

日期: 天气: 仪器编号: 观测员: 记录员:

线段名称	测量方向	整尺段数 n	零尺段长度 q(m)	线段长度 $D = nL + q$ (m)	平均长度 $D_P = \frac{D_{往} + D_{返}}{2}$	往返差 $\Delta D = \lvert D_{往} - D_{返} \rvert$	相对误差 $K = \frac{1}{D_P / \Delta D}$	观测磁方位角 (° ′ ″)
	往							
	返							
	往							
	返							
	往							
	返							
	往							
	返							
	往							
	返							
	往							
	返							
	往							
	返							
	往							
	返							
	往							
	返							
	往							
	返							

续表四(1)

日期__________ 天气__________ 仪器编号__________ 观测员__________ 记录员__________

线段名称	测量方向	整尺段数 n	零尺段长度 q(m)	线段长度 $D = nL + q$ (m)	平均长度 $D_P = \frac{D_{往} + D_{返}}{2}$	往返差 $\Delta D = \lvert D_{往} - D_{返} \rvert$	相对误差 $K = \frac{1}{D_P/\Delta D}$	观测磁方位角 (° ′ ″)
	往							
	返							
	往							
	返							
	往							
	返							
	往							
	返							
	往							
	返							
	往							
	返							
	往							
	返							
	往							
	返							
	往							
	返							
	往							
	返							
	往							
	返							
	往							
	返							
	往							
	返							
	往							
	返							

表四(2)

钢尺精密量距手簿

日期__________ 天气__________ 观测员__________ 记录员__________

钢尺号码__________ 钢尺膨胀系数__________ 钢尺检定时温度 t_0 __________

钢尺名义长度 l_0 __________ 钢尺检定长度 l' __________ 钢尺检定时拉力__________

尺段编号	实测次数	前尺读数（m）	后尺读数（m）	尺段长度（m）	温度（℃）	高差（m）	温度改正数（mm）	尺长改正数（mm）	高差改正数（mm）	改正后尺段长（m）
	1									
	2									
	3									
	平均									
	1									
	2									
	3									
	平均									
	1									
	2									
	3									
	平均									
总和										

$AB_{往}=$ （m） $AB_{返}=$ （m）

$\overline{D}_{AB}=\frac{1}{2}(AB_{往}+AB_{返})=$ （m） $k=\frac{AB_{往}-AB_{返}}{D_{AB}}=\frac{1}{\quad}$

$k_{容}=\frac{1}{\quad}$ $D_{AB}=\overline{D}_{AB}=$ （m）

表五

导线测量手簿

仪器位置	竖盘位置	目标	度盘读数（°　′　″）	水平角值（右角或左角）（°　′　″）	平均角值（右角或左角）（°　′　″）	边名	边长（m）	备注（示意图）
	左							
	右							
	左							
	右							
	左							
	右							
	左							
	右							
	左							
	右							
	左							
	右							
	左							
	右							

续表五

仪器位置	竖盘位置	目标	度盘读数（° ′ ″）	半侧回角值（° ′ ″）	一测回角值（° ′ ″）	边名	边长（m）	备注（示意图）
	左							
	右							
	左							
	右							
	左							
	右							
	左							
	右							
	左							
	右							
	左							
	右							
	左							
	右							

表六

四等水准测量记录手簿

日期__________ 天气__________ 仪器编号__________ 观测员__________ 记录员__________

测段编号	测站	后尺 上丝① / 下丝② / 后视距⑨	前尺 上丝④ / 下丝⑤ / 后视距⑩	方向及尺号	水准尺中丝读数 黑面	水准尺中丝读数 红面	K+黑－红	平均高差（m）	备注草图
		视距差⑨－⑩	累计差⑫＋⑪		后③ / 前⑥	后⑧ / 前⑦			
				后					
				前					
				后－前					
				后					
				前					
				后－前					
				后					
				前					
				后－前					
				后					
				前					
				后－前					
				后					
				前					
				后－前					

每页校核：

辅助计算：

表七

坐标计算

日期________　　　　　　　　　　　　　计算________

点号	观测角 (° ′ ″)	改正数 (° ′ ″)	改正角 (° ′ ″)	坐标方位角 α (° ′ ″)	距离 D (m)	增量计算值		改正后增量		坐标值		点号
						Δx(m)	Δy(m)	Δx(m)	Δy(m)	x(m)	y(m)	
Σ										示意图		
辅助计算												

表八

水准高程内业计算表

日期________ 天气________ 仪器编号________ 观测员________ 记录员________

点号	测段编号	距离（m）	测站数（站）	实测高差（m）	改正数（mm）	改正后高差（m）	高程（m）	点号	备注
Σ									

辅助计算	高差闭合差 $f_h =$ 容许闭合差 $f_{h容} =$

表九

地形测量手簿

日期______ 天气______ 仪器编号______ 立尺______ 观测______ 记录______ 绘图______

测站______ 后视______ 仪器高 i = ______ m 竖盘水平时读数 = ______ 测站点高程 = ______ m

测点	水平角 （° ′ ″）	下丝	上丝	视距 （*KL*）	中丝	竖盘读数 （° ′ ″）	竖直角 （° ′ ″）	平距 （m）	高差 （m）	高程 （m）	备注

表十

实习评定成绩参考资料

时间________年____月____日　　　　班级______________　　实习小组____________

学号	姓名	职务	实习表现	自我表现	考勤情况	爱护公物	总成绩

以上几个方面各占25%左右。实习表现、自我表现、爱护公物、考勤情况这几项内容按优、良、中、及格、不及格五个等级评定。

参考文献

[1] 周建郑. 建筑工程测量[M]. 北京:化学工业出版社,2005.
[2] 郑持红. 建筑工程测量[M]. 重庆:重庆大学出版社,2008.
[3] 许光,王晓峰. 建筑工程测量[M]. 北京:中国电力出版社,2008.
[4] 张敬伟. 建筑工程测量试验与实训指导[M]. 2 版. 北京:北京大学出版社,2013.
[5] 张敬伟. 建筑工程测量[M]. 2 版. 北京:北京大学出版社,2013.
[6] 郑君英,张敬伟. 建筑工程测量[M]. 武汉:武汉理工大学出版社,2011.
[7] 王云江. 建筑工程测量(含实习指导)[M]. 北京:中国计划出版社,2008.
[8] 张正禄. 工程测量课程设计和实习指导书[M]. 武汉:武汉大学出版社,2008.
[9] 秦根杰. 看图学施工测量技术[M]. 北京:中国机械出版社,2004.
[10] 甄红锋,崔德芹. 建筑工程测量[M]. 郑州:黄河水利出版社,2010.
[11] 赵树青,甄红锋. 道路工程测量[M]. 郑州:黄河水利出版社,2008.